新版 »

小杂粮高产高效栽培与病虫害绿色防控

徐钦军　董旭霞　帅　芬　主编

U0272534

中国农业科学技术出版社

图书在版编目（CIP）数据

小杂粮高产高效栽培与病虫害绿色防控／徐钦军，董旭霞，帅芬主编.
—北京：中国农业科学技术出版社，2021.6

ISBN 978-7-5116-5350-5

Ⅰ.①小…　Ⅱ.①徐…　②董…　③帅…　Ⅲ.①杂粮-高产栽培②杂粮-粮食作物-病虫害防治　Ⅳ.①S51②S453

中国版本图书馆 CIP 数据核字（2021）第 104681 号

责任编辑　白姗姗
责任校对　李向荣
责任印制　姜义伟　王思文

出 版 者　中国农业科学技术出版社
　　　　　北京市中关村南大街 12 号　邮编：100081
电　　话　（010）82106638（编辑室）　（010）82109702（发行部）
　　　　　（010）82109709（读者服务部）
传　　真　（010）82106650
网　　址　http://www.castp.cn
经 销 者　各地新华书店
印 刷 者　北京富泰印刷有限责任公司
开　　本　850 mm×1 168 mm　1/32
印　　张　5
字　　数　110 千字
版　　次　2021 年 6 月第 1 版　2021 年 6 月第 1 次印刷
定　　价　36.80 元

前　言

　　我国作为一个传统的农业大国，在粮食生产上覆盖面十分巨大，除水稻、小麦和玉米三大农作物之外，我国还具有多种杂粮作物，其具有经济效益高、社会效益好等特点。特别是近几年来，小杂粮已经作为一项极具潜力的粮食产业一步步兴起。小杂粮生产对于农民脱贫致富和促进我国农业发展具有重要意义。

　　本书以通俗易懂的语言，对各种小杂粮的栽培技术、病虫害绿色防控进行了详细介绍，以帮助农民朋友学习种植相关的知识。

编　者

2021 年 4 月

目　录

第一章　高粱高产高效栽培技术

高粱是我国北方地区广泛种植的经济作物之一，非常适应北方的土壤环境。高粱可食用，亦可用作酿酒原料，酿酒加工后的残渣可作饲料，具有非常高的经济价值。因此，研究高粱高产高效栽培技术，强化高粱选种、整地、播种、田间管理等各环节工作，对于促进高粱产量和质量的提升，助力农业经济发展意义重大。

第一节　栽培技术

一、轮作倒茬

轮作倒茬是高粱增产的主要措施之一。高粱种植忌连作，原因一是造成严重减产，二是病虫害发生严重。高粱植株生长高大，根系发达，入土深，吸肥力强。高粱一生中从土壤里吸收大量的水分和养分，因此，选择合理的轮作方式是增产的关键，最好前茬是豆科作物。

二、种子处理

（一）选种、晒种

播前应对种子进行风选或筛选，选出粒大饱满的种子做种并晒种，播后出发芽快、出苗率高、出苗整齐，幼苗生长健壮。

（二）浸种催芽

用 55~57℃温水浸种 3~5min，晾干后播种，起到提高出苗率与防治病虫害的作用。

（三）药剂拌种

为了防止高粱黑穗病，可用拌种双拌种，每千克种子使用 5g 拌种双。

三、选地整地

高粱根系发达，对土地的要求不高，即便在部分酸性较强或肥料较少的土地上也能生长。过去的种植经验表明，连作土地的高粱表现出很高的发病率与虫害率，因而种植户应当尽可能避免在同一地块持续种植相同的高粱品种，应合理轮作。选择好耕地之后，种植户应当对土壤进行深翻，一般深翻需要控制在 25cm 左右，有助于土地保墒。翻耕时还应注意清理田间杂物，施用有机肥作底肥，具体施肥量应根据土壤肥沃程度确定。

四、适时播种

（一）播种期

春作播种期在农历 3 月底至 4 月中旬，秋作则选在农历 5 月下旬至 6 月下旬播种，时间不宜太迟，以免生育中后期遇低温，影响生育而使成熟期延迟。

（二）播种的深度

高粱播种的深度一般为 3~5cm。播种过深，幼苗出土时所受的阻力大，出苗时间延长。播种过浅，表土跑墒多，种子易落干，对出苗同样不利。

（三）温湿度

高粱发芽的最低温度为 7~8℃，一般以土壤 5cm 处地温稳定在 10~12℃时播种较适宜。适宜高粱种子发芽的土壤含水量因土壤而不同。壤土为 15%~17%，黏土为 19%~20%。发芽要求土壤的最低含水量，壤土为 12%~13%，黏土为 14%~15%，沙土为 7%~8%。根据温、湿条件确定高粱播种时期，群众的经验是"低温多湿看温度，干旱无雨抢墒情"。

（四）播量

一般发芽率在 95% 以上的种子，每亩*播量以 0.5 ~ 1.5kg 为宜。

（五）播种方法

播种法分点播及条播两种，一般以条播为主，把种子均匀播于种植沟内，然后覆土厚约 3cm。条播行间距为 50 ~ 60cm。无论是点播还是条播，都可以采用机械播种。

五、合理密植

目前生产上推广面积较大的一般为高粱杂交种，适宜密度为 5 500 ~ 8 000 株/亩；常规品种为 5 000 ~ 6 000 株/亩；高秆甜高粱、帚用高粱为 4 400 ~ 5 000 株/亩。

六、育苗技术

（一）苗床选择

苗床选择以水源方便、背风向阳、土壤肥沃的沙质土壤为宜。

---

* 1 亩 ≈ 667m^2，1hm^2 = 15 亩。全书同

（二）床土准备

在播种前半个月左右，在选好的苗床地内，根据大田面积，按 1 :（10~20）的苗床大田比计算所需苗床面积，然后将土翻犁后整细，除去杂草与石块，每亩苗床施优质腐熟有机肥 1 500~2 000kg，再整平以培肥土壤。

（三）适时播种

春播高粱宜在 3 月中下旬选择晴好天气播种育苗，夏播高粱宜在 4 月中下旬播种育苗。每亩大田用种量 0.5kg（直播高粱每亩用种子 1~1.5kg）。播种前将种子进行筛选，并晒种 1~2d，激发种子活性，提高种子发芽率。精选后的种子可用 1% 的多菌灵溶液温水浸泡 10~12h，其间换水 1~2 次，种子吸胀后捞起沥干、催芽至粉嘴播种。床土要整细开沟作厢，厢宽 1.3~1.4m，沟宽 0.3~0.4m。种子要分厢过秤，均匀撒于厢面，再浇上适量的清粪水，搭弓盖膜（通常采用双膜覆盖为好），保温防寒。

（四）苗床管理

1 叶 1 心揭内膜炼苗；2 叶 1 心匀苗除草，治虫（主要是蚜虫）泼水抗旱；3~4 叶时，每亩用尿素 5kg 兑入清粪水中泼施提苗，培育壮苗；移栽前 3d 揭全膜炼苗。

七、移栽技术

（一）施足底肥，精细整地

底肥以农家肥为主，配合施用过磷酸钙、尿素或复合肥，通常占总施肥量的 50% ~ 70%。一般每亩施人畜粪 1 500 ~ 2 000kg、过磷酸钙 30 ~ 40kg、尿素 10kg 或复合肥 25 ~ 30kg。采取条埋或撒施，于移栽前后施入。

（二）提前进行化学除草

在大田移栽前 3 ~ 5d，选晴好天气使用草甘膦全田进行 1 次化学除草，以封杀杂草；活蔸后用"粱康"防除。

（三）适时起苗，规范移栽

当苗长至 4 叶时即可起苗移栽，起苗时应注意防止伤根，选择大小一致的苗移栽，移栽时剔除病苗、弱苗、杂苗，并带护根土。移栽规格：行距 50 ~ 65cm，窝距 27 ~ 33cm，每窝移栽 2 株，每亩保证基本苗 8 000 ~ 10 000 株。移栽时注意苗不要栽在施肥沟的正上方，以防肥料灼伤根系。土壤肥力高的田块适当稀植，土壤肥力低的田块适当密植，移栽后亩施清粪水 1 000kg 左右定根。

八、栽后管理

1. 查苗补苗，保证齐苗

移栽返青成活后，及时查苗补缺，保证基本苗。

2. 及时追肥，中耕培土

移栽成活后，及时用清粪水1 000kg/亩、尿素5~10kg/亩，追施1次活蔸肥；移栽后1个月左右，结合中耕除草再追施清粪水1 000kg/亩、尿素15~20kg/亩、钾肥10kg/亩；孕穗期每亩追施清粪水1 000kg、尿素10kg。

3. 拔节期结合治虫喷施"高粱矮丰王"

降低株高、壮秆防倒，同时彻底除蘖。

九、施肥规律

每生产100kg籽粒需要氮（3.25±1.37）kg、磷（1.68±0.48）kg、钾（4.54±1.14）kg。三者的比例为1：0.52：1.37。

（一）重施底肥

高粱种植需重施底肥，亩用35%专用复合肥30~35kg加有机肥1 500~2 000kg。

（二）轻施提苗肥

成活后施一次人畜粪水加少量尿素作提苗肥。拔节时，亩用 5kg 尿素加 1 000 kg 人畜粪水。

（三）巧施孕穗肥

追肥亩用尿素 10~15kg 加 1 000 kg 人畜粪水，在高粱灌浆期可适量用尿素加清粪水施用作穗粒肥。一般只进行一次追肥，根据高粱生长发育规律，以拔节期追肥效果更好。追肥时期与数量还应看天、看地、看苗而定。追肥后应及时浇水。

十、田间管理

（一）苗期管理

主要目的是促进根系发育，适当控制地上部的生长，达到苗全、苗齐、苗壮，为后期的生长发育奠定基础。主要包括破除土表板结、查田补苗、间苗与定苗、中耕除草或化学除草、除去分蘖等。

1. 间苗、定苗

出苗后 3~4 片叶时进行间苗，5~6 叶时定苗，这样可以减少水分、养分消耗，是促进幼苗健壮苗、早发的有效措施之一。

2. 中耕

苗期中耕 2 次。第一次结合定苗进行，10~15d 后进行第二次，中耕可保墒提温，发根壮苗，又可消除杂草，减轻杂草为害，拔节后中耕培土促根早生快发，增强抗风抗倒、抗旱保墒能力。

3. 除草剂

高粱对许多化学除草剂敏感，应用时注意选择，适量使用阿特拉津效果较好。忌盲目使用除草剂，禁用敌敌畏和敌百虫。

(二) 中期管理

拔节至抽穗期田间管理的主要作用是协调好营养生长与生殖生长的关系，在促进茎、叶生长的同时，充分保证穗分化的正常进行，为实现穗大、粒多打下基础。这一时期的田间管理包括追肥、灌水、中耕、除草、防治病虫害等。追肥是主要的田间管理措施，掌握高肥地块促控兼备，肥力差的地块一促到底。

(三) 后期管理

抽穗至成熟期以形成高粱籽粒产量为生育中心，田间管理的主要任务是保根养叶、防止早衰、促进早熟、增加粒重。田间管理主要包括合理灌溉、施攻粒肥、喷洒促熟生长调节剂（乙烯利）等。

第二节　病虫害绿色防控

一、农业防治

选用优质抗病虫高粱品种。实行 3 年以上轮作，结合春耕、秋耕整地，及时清理田间残茬秸秆，消灭病虫越冬场所，减少越冬虫量。施用充分腐熟的有机肥，合理施用氮肥，增加磷钾肥用量，及时做好田间排涝除湿。集中连片种植，方便统防统治。

二、物理防治

1. 黄板诱杀

利用蚜虫趋黄色特点，悬挂黄板粘杀有翅蚜虫，每亩挂黄板 20~25 张。

2. 杀虫灯诱杀

利用害虫的趋光特性进行诱集，安装黑光灯、频振式杀虫灯诱杀害虫成虫，对螟虫、黏虫、蝼蛄、地老虎等多种害虫具有很好的防治效果。

3. 食饵诱杀

利用害虫的趋化性，在其所喜欢的食物中掺入适量毒剂来诱杀害虫。一般用糖醋酒液配成毒饵诱杀地老虎、黏虫等害虫；用麦麸、谷糠作诱饵，掺入适量辛硫磷等制成毒饵诱杀蝼蛄、地老虎等害虫。

三、生物防治

高粱穗期病虫为害严重，选用生物制剂和高效低毒、低残留农药进行防治。可用 Bt 乳剂、青虫菌液喷雾防治，或喷施康宽和福戈防治。防治时间一般为高粱齐穗至扬花末期。

第三节 适时收获

高粱收割的最佳时间是在高粱灌浆后期，高粱穗部籽粒有 80% 左右由白色转为红褐色的时期。但由于高粱在生长过程中受各种因素的影响，成熟度不一致，因此高粱收割一般应分为两次采收，第一次在 80% 的高粱达到收割要求时收割，剩下的 20% 待高粱进一步成熟、符合收割要求后再行收割，收割后及时脱粒晒干。

第二章　谷子高产高效栽培技术

谷子，又被称为粟，属于禾本科一种粮草兼用作物，对干旱以及贫瘠具备较强的耐性，因而适应性较广。谷子去皮后即为小米，小米不仅营养丰富，同时易于消化，近年来随着对健康食品需求量的不断增加，越来越多的人选择小米粥以及小米饭，使得谷子需求量不断增加。

第一节　栽培技术

一、生产环境

在实际栽培过程中，必须保证生产环境良好，在生产环境周围尤其是上风口处不存在工业污染源。要保证栽培过程中大气、土壤以及灌溉水均满足绿色食品相关标准要求。

二、播前准备

（一）选择良种

首先，需要选择具备较强抗逆性同时高产优质的品种，应保证所选择品种经过专门机构的审定推广。

（二）轮作倒茬

谷子是一种对茬口较为敏感的作物。谷子重茬，各种病虫害发生的概率就会有所增加，同时由于杂草较多、根系较浅，极容易发生早枯现象，导致瘪谷数量明显增加，进而影响谷子的产量以及品质。通常每3~4年对谷子进行轮作，最好选择豆类为谷子的前茬作物，也可以选择薯类、棉花以及高粱、玉米。

（三）精细整地

在秋收以后，需要立即翻耕以及耙压，将翻耕深度控制在17~20cm，如果土壤为黏土或者壤土，需要适当增加翻耕深度，翻后立即耙压。

（四）增施粪肥

谷子虽然较耐贫瘠，但是也喜肥喜水。如果为 AA 级绿色食品，严禁施用任何化学肥料；如果为 A 级绿色食品，则需要对化学合成肥料的施用进行限定，不得采用硝态氮肥，应当尽量施用绿色食品专用肥，如厩肥、沼气肥、秸秆肥等有机肥。应当结合品种以及土壤肥力状况确定施肥数量，通常情况下腐熟有机肥的施入量为 45 000~60 000kg/hm²。如果土壤存在磷、钾等元素缺乏问题，可以为 A 级绿色食品增施 300~450kg/hm² 的磷肥或者钙镁磷肥、150~300kg/hm² 的硫酸钾以及 75kg/hm² 的尿素。

（五）种子处理

1. 选种

采用簸箕或者风车对种子进行风选，或者采用筛子进行筛选，将瘪粒以及小粒种子淘汰。保证所选出种子净度达到98%。

2. 种子灭菌

在播种前一周，选择晴朗的天气，将种子置于阳光下晾晒2~3d。如果种子表面存在病原孢子，可以将种子置于温度为55~57℃的室内浸泡10min，或者在石灰水内浸泡1h。这样可以实现种子的灭菌消毒，使种子具备更高的发芽率以及发芽势。

三、播种

（一）播种期

通常在谷雨前后，4月底至5月初进行播种。在播种过程中，必须保证地温超过9℃，同时土壤含水量处于17%~20%。

（二）播种方法

在播种过程中，播种量一般控制在15~22kg/hm²。播种深度需要控制在 4~5cm，播种结束后覆土 3~4cm。在开沟以及覆土过程中必须保证均匀一致，同时及时开展填压工作。

四、田间管理

（一）留苗密度

结合品种、播种期以及土壤肥力确定留苗密度。通常情况下需要保苗 38 万~60 万株/hm²。

（二）间苗以及定苗

一般在 3 叶期进行间苗，5 叶期进行定苗。如果地块内存在严重的缺苗现象，需要对其进行补苗，一般在 4~5 叶时补栽苗最易成活。

（三）中耕除草

最好在幼苗期、拔节期以及孕穗期结合中耕进行除草。如果所栽植为 AA 级绿色食品，在栽培过程中严禁采用任何化学除草剂；如果为 A 级绿色食品，在播种后至出苗前，可以将 750g 50% 的扑草净兑入 450L 水后均匀地喷洒于每公顷的土壤当中。

（四）科学施肥

在对谷子进行追肥过程中，一方面需要充分考虑土壤肥力以及实际苗情，另一方面需要严格遵循绿色食品相关使用标准，保证科学合理的开展追肥工作。如果地块内积肥较少，同时苗情较弱，在定苗工作结束后，可以为 A 级绿色食品追施 $75\sim120kg/hm^2$ 的尿素。通常情况下，如果追肥量较大，可以分别在拔节期以及孕穗期进行追肥，重施拔节肥，施入 $225\sim375kg/hm^2$ 的尿素，轻施孕穗肥，施入 $150\sim225kg/hm^2$ 的尿素。如果追肥量没有超过 $225kg/hm^2$，可以在拔节后孕穗前进行一次追肥。如果为 AA 级绿色食品，需要结合地力以及苗情，适当追施腐熟的人粪尿或者发酵好的沼气肥以及绿色食品专用肥。

（五）灌溉以及排水

在孕穗期，谷子的需水量较大，一旦发生干旱情况必须及时进行灌溉。在开花期，谷子忌雨涝积水，因而需要及时开展排水除涝工作。

第二节　病虫害绿色防控

在谷子栽培过程中，较为常见的病害分别为黑穗病、白发病、叶锈病以及谷瘟病等。为了对这些病害进行有效防治，首先必须选择抗病品种，在实际栽培过程中增施有机肥，做好田间管理工作，一旦田间出现病株立即清除，及时清除田间的杂草。

谷子较为常见的虫害主要为谷黍螟、玉米螟、黏虫及蝗虫等。在具体防治过程中，需要严格按照绿色食品相关标准要求，尽可能采取优选抗病品种，做好中耕除草工作、秋季深翻晒土以及处理越冬寄主等农艺措施，人工捕杀、色彩以及灯光诱杀、机械捕杀等物理防治措施以及释放赤眼蜂等生物防治措施。如果为 AA 级绿色食品，严禁采用任何化学农药，如果为 A 级绿色食品，可以限量使用高效、低毒且低残留的农药。在农药使用过程中需要注意，针对谷黍螟，可以采用 80%的敌敌畏乳油 500~800 倍液进行灌根；针对玉米螟，可以将 500mL 50%的辛硫酸乳油拌入到 100~125kg 的沙子中制成毒沙，将毒沙的用量控制在 150kg/hm²；针对黏虫以及蝗虫，可以将 1 500g 80%的敌敌畏乳油稀释 1 000 倍以后喷洒于 1hm² 的田块内。

第三节　适时收获

通常在白露以后秋分之前对谷子进行收获。收获后及时对谷子进行晾晒，以防其发霉，使谷子的品质得到保证。

第三章 荞麦高产高效栽培技术

荞麦具有非常丰富的营养，可以帮助人体消化，具有保护肝脏、消暑消炎的作用。随着人们对保健食品的重视，荞麦的需求量开始逐年增加，其加工制品在国内外供不应求，而荞麦整体产量有限，如何提高荞麦产量就成为种植技术的关键。为了进一步推动广大农民种植荞麦的积极性，需要制定相应的措施，有效提升荞麦的种植产量。

第一节 栽培技术

一、选茬轮作荞麦

连作会导致作物产量和品质下降，更不利于土地的合理利用。荞麦对茬口选择不严格，但是为了获得荞麦高产，在轮作中最好选择好茬口，比较好的茬口是豆类、马铃薯等养地作物；其次是玉米、小麦等用地作物。

二、精细整地

荞麦的幼苗顶土能力差，根系不发达，整体发育水平比较低。荞麦幼苗对于土地的要求比较高，在顶土出苗的过程当中，精细整地最为关键。播种前，需要对前茬进行消灭，及时清理土壤中的杂草，使土地保持一定的平整性。

三、增施底肥

荞麦播种之前，结合耕作整地施入土壤深层的肥料，也称底肥。充足的优质底肥，是荞麦高产的基础。底肥一般以有机肥为主，也可配合施用无机肥。底肥是荞麦的主要肥料，一般应为施肥总量的 50%~60%。

四、种子准备

（一）选择良种

为了有效提高荞麦的整体种植产量，需要选择优良的品种。选择处于生育期的种子，保证其抗旱、抗贫瘠、抗病能力。优良的荞麦种子的颗粒大小以及表皮应均匀一致。在选择种子时，注意一定不要选择黄色的种子，因为这样的种子发芽率比较低，会影响荞麦在后期的出苗率。

（二）种子处理

在整体处理荞麦种子时，应用方式比较多，应该根据实际情况选择具体的发芽方式。

1. 晒种

能提高种子的发芽势和发芽率，晒种可改善种皮的透气性和透水性，促进种子成熟，提高酶的活力，增强种子的生活力和发芽力。晒种借助阳光中的紫外线，可杀死一部分附着于种子表面的病菌，减轻某些病害的发生。晒种以选择播种前 7~10d 的晴朗天气，将荞麦种子薄薄地摊在向阳干燥的地上或席上，晒种时间应根据气温的高低而定，气温较高时晒 1d 即可。

2. 选种

目的是剔除空粒、破粒、草籽和杂质，选用大而饱满整齐一致的种子，提高种子的发芽率和发芽势。大而饱满的种子含养分多、生活力强，生根快，出苗快，幼苗健壮。荞麦选种方法有风选、水选、筛选、机选和粒选等。利用种子清选机同时清选几个品种时，一定要注意清理清选机，防止种子的机械混杂。

3. 温汤浸种

可提高种子发芽力，用 35~40℃ 温水浸 10~15min 效果良好，能提早成熟。用其他微量元素溶液：钼酸铵（0.005%）、高锰酸钾（0.1%）、硼砂（0.03%）、硫酸镁（0.05%）、溴化钾（3%）浸种也可促进荞麦幼苗的生长和产量的提高。

4. 药剂拌种

可防治地下害虫和荞麦病害。药剂拌种是在晒种和选种之后，用种子量 0.5%~0.1%的五氯硝基苯粉拌种，防止疫病、凋萎病和灰腐病。也可用种子重量的 0.3%~0.5%的20%甲基异柳磷乳油或 0.5%甲拌磷乳油拌种，将种子拌匀后堆放 3~4h 再摊开晾干，防治蝼蛄、蛴螬、金针虫等地下害虫。

五、适时播种

荞麦的生长环境为冷凉湿润，在苗芽生长时喜暖，开花时喜湿，整体的生育时期比较短，为 70~80d。荞麦在春天进行种植时，可根据当地的气候选择适宜土壤进行播种。

六、合理密植

荞麦在整体种植时，需要进行合理密植，通过调整群体的结构强壮幼苗，在播种时，幼苗的种植深度大致为5cm，有利于荞麦种子的破芽，在一定程度上能够大幅度地提高荞麦整体的产量和质量。

七、加强管理

（一）及时松土

荞麦从出苗一直到开花期间会进行两次中耕。当苗高100cm 时，第一次中耕；开花前第二次中耕。

(二) 及时授粉

荞麦属于多花植物，但是荞麦雄蕊比较短，自花授粉能力较差，通过自然条件可以利用蜜蜂以及风对荞麦进行自然授粉，如果两个条件皆不具备，就需要进行人工授粉。

1. 蜜蜂授粉

当荞麦处于花期时，如果条件允许，可以利用蜜蜂进行群体授粉，以便于有效提升荞麦整体产量。

2. 人工授粉

如果荞麦种植区域的周围没有蜜蜂，并且风力比较小，就要考虑人工授粉方式。人工授粉应在开花盛期进行，授粉时间以 8—10 时为宜。进行人工授粉能大大提高结实率，增产 20% 左右。

(三) 水肥管理

荞麦秋季生育期短，施肥应遵循"基肥为主、种肥为辅、追肥为补"的原则。基肥最好施于前作，若在播种前施用，必须施用腐熟肥料。每亩可施厩肥 1 000kg，草木灰 80~100kg。始花期可用磷、钾以及硼、钼、镁等微肥进行根外追肥。播种后如遇干旱，要进行湿润灌溉，确保全苗。

第二节　病虫害绿色防控

一、农业防治

清除田边地头杂草、枯枝，尽量压低越冬虫口基数，植物收获后的茎、叶、秸秆带出田外深埋，浅耕灭茬，然后深翻。调整种植结构，合理安排茬口。

二、物理防治

使用频振式杀虫灯，可大量诱集小地老虎、二纹柱萤叶甲成虫，减少产卵，从而控制幼、成虫的为害，每盏杀虫灯可有效控制 20 亩范围内的害虫，对连片集中种植的荞麦效果更为明显。

色板诱杀，利用蓟马、蚜虫对黄色、蓝色的趋性，在田间插放黄板和蓝板诱杀蓟马、蚜虫。色板的高度保持高于植株顶端 15cm 左右，每亩用板 20 张，每月更换，对于诱集害虫虫口数量较多的色板及时更换。

三、化学防治

（一）病害

普遍发生的轮纹病、褐斑病在发生初期可使用 4% 嘧啶核苷水剂 600 倍液、2%武夷菌素水剂 600 倍液、75%百菌清可湿性粉剂 400 倍液喷雾防治，白粉病用 43%戊唑醇悬浮剂 6 000 倍液、4%嘧啶核苷水剂 600 倍液进行防治。

（二）虫害

当二纹柱萤叶甲和蓟马的有虫株率达到 5%、蚜虫百株虫量达到 500 头时，即进行药剂防治。生物药剂可选用 0.6%苦参碱水剂 600 倍液。化学药剂可选用 5%来福灵乳油 3 000 倍液进行喷雾，药剂交替使用。地下害虫用 50%辛硫磷乳油 100g 兑水 5kg 整地时施于土中。

第三节 适时收获

荞麦花期长达 30~35d，开花后 30~40d 种子成熟，并且落粒性强，一般损失 20%~40%。由于植株上下开花结实的时间早晚不一，成熟也不整齐，因此不能等全株成熟时进行收获。一般应在 70%~80%的籽粒变色时收割为宜，力求做到成熟一片收割一片，最好在阴天或湿度大的上午收割以防落粒，收割后先晾晒，后脱粒，晾至含水量为 13%左右时贮藏。

第四章 大麦高产高效栽培技术

大麦用途广泛，可用于饲料、制麦芽与酿酒。大麦中氨基酸含量丰富，有助于猪和牛提高免疫力，适于培育高品质的猪肉和提高产奶量，著名的金华火腿和宣威火腿所选用猪均是用大麦进行喂养。大麦含有较高的可溶性纤维，是有益的健康食品，有助于心脏健康，可以降低血液中胆固醇水平和糖尿病患者的血糖指数。

第一节 栽培技术

一、选地

大麦生育期短，消耗地力少，对盐碱、干旱的抗性都高于小麦，能适应比较广泛的土壤和气候条件。大麦最适宜的土壤是中性和微碱性的黏壤土，酸性土壤不适于种植大麦。大麦对茬口要求不太严，选择合适的前茬对保证大麦品质及产量提高有重要影响。良好的前茬，如大豆茬、玉米茬等，土壤中残留的有效养分多，即使少施肥料，大麦的产量及品质也较好。重茬种大麦对产量及品质均有不利影响。为防止病虫害侵染和土壤肥力偏耗，种植大麦要实行合理轮作，一般采取麦—豆—杂三区轮作。

二、精细整地

整地质量的好坏决定大麦幼苗的整齐和健壮程度。

(一) 整地时期

在每年 10 月 20 日前把地整平耙细，达到播种状态。

(二) 耕作方法

浅翻深松整地或者耙茬整地。深松或者翻地深度 25～30cm。翻后应立即进行耙耢作业，做到翻、耙、耢、压及时且连续进行。耙茬深度以 12～15cm 为宜，耙茬方式为先顺垄耙，再对角耙或横耙，以耙平耙碎为宜，并在耙后及时镇压。必须春耙茬时，应在土壤解冻到足够深度时进行，随耙随播，播压结合。

(三) 整地质量要求

整地后耕层土壤达到细碎、疏松、地表平整，10m 宽幅高低差不超过 3cm，每平方米内直径大于 5cm 的土块不超过 3 个。

三、选择好茬口

大麦晚播早熟，后茬尽量选择花生、甘薯、大豆、烟草等作物，有利于后茬增产增效。特别是大麦与烟叶互相间作、轮作时，大麦需肥与烟叶可以形成良好互补，同时倒茬可以有效控制烟草病虫害的发生。

四、品种选择

要因地制宜根据生产用途选择经过种子部门审定推广的适合当地种植的品种，如龙啤麦2号、龙啤麦3号、龙啤麦4号等。

种子质量达到纯度不低于99.0%，净度不低于98.0%，水分不高于13.0%，发芽率不低于85%。

五、种子处理

100kg大麦种子用3%苯醚甲环唑150~200mL加水1 000~1 500mL均匀拌种，防治大麦根腐病、条纹病和散黑穗病。

100kg大麦种子用12.5%R-烯唑醇30g加水1 000~1 500mL均匀拌种，防治大麦根腐病、条纹病和散黑穗病。

100kg大麦种子用2.5%适乐时悬浮种衣剂100~200mL兑水1 000~1 500mL拌种，防治大麦条纹病。

种子包衣要混拌均匀，包衣合格率大于等于99%，拌种后闷种5~7d以后再播种。

六、播种

（一）播期

适期播种是保证苗齐、苗全、苗壮，获得高产的重要环节。大麦和小麦一样具有"种在冰上，死在火上"的生物学特性，因此，大麦要适时尽量早播。一般当土壤化冻达到5~6cm深时，就可以开始播种。大麦最佳播种期在4月上中旬，4月20日之前播种为高产期。试验证明，播种迟早对产量影响很大，同时也直接影响着大麦品质的优劣。如晚播一旬，则减产15.2%，适时早播，不但高产，且能获得更多的粉质和更富含糖类的籽粒。

（二）播深

播种深度为镇压后3~4cm。

（三）设计保苗

大麦分蘖多、秆较弱，播量不宜过大，否则会造成倒伏，籽实千粒重降低，粒小、减产。但过稀会使大麦分蘖过多，主穗和分蘖差异大，熟期不一致，晚熟影响收获质量。所以大麦播量要适中、适当密植，可使种子成熟一致，降低蛋白质含量，增加淀粉含量。二棱大麦基本苗450万~490万株/hm²，多棱大麦基本苗400万~450万株/hm²。

（四）播种方式

种植大麦采用条播，这种播种方式能使种子在田间分布均匀，覆土深浅一致，植株生长整齐，在生育后期也能保证田间有良好的通风透光条件，并且有利于化学除草、追肥、喷施叶面肥等田间管理措施的实施。通常采用10~15cm行距的播种机进行播种，播种量与设计相符。

（五）质量标准

播量准确，单口流量差不大于±1%，肥料单口流量差不大于±2%；播行笔直，百米内弯曲度不大于±5cm；行距相等，开沟器行距差不大于1cm，台间行距差不大于2cm，往复结合线行距不大于3cm；播深一致，镇压后播深达3~4cm，误差不大于1cm；地头整齐，百米内误差不超20cm，台间误差不超10cm；播到头、播到边、不重、不漏、覆土严密，及时镇压。

七、合理施肥

根据大麦生育期前期需肥多的特点，应该重施基肥，合理施用化肥，施纯氮8~12kg/亩，最高不应超过15kg/亩，五氧化二磷5~6kg/亩，纯钾5~6kg/亩，氮磷钾比1∶0.5∶0.5。肥料最好作底肥或基肥一次性施入，也可前氮后移留部分氮肥在返青拔节期施用，一般纯氮1.5~2.5kg/亩即可，避免中后期过量施用氮肥，以防贪青晚熟，造成倒伏。

八、适时灌溉

大麦生育期灌水主要在3叶期、拔节期、孕穗期和灌浆期，采用"早灌、勤灌、轻灌"的原则，此期如遇干旱，应在3叶期灌水，可增加灌水次数，减少一次灌水用量。对于有灌溉条件的地区可补充土壤水分不足，减轻干旱。结合追肥，及时喷灌，能促使分蘖早生快发，数量多，质量好，成穗率高，收获穗数增加。3 叶期灌溉利于幼穗分化，是奠定穗大粒多的基础。早春灌水能满足大麦"坐胎"对水肥的需要，尤其是大部分春大麦品种前期生长发育快，对水肥敏感，3 叶期灌水宜早不宜迟。灌溉方式以大型喷灌为好，省水省工，不破坏土壤。

九、及时除草

11 月中下旬至翌年 3 月中旬以前，日平均温度超过 5℃，田间杂草 2~4 叶期。阔叶类杂草如猪殃殃、荠菜、播娘蒿、野油菜为害较重的田块，每亩使用苯磺隆 30g 或麦喜 12g 兑水 30kg 喷雾一遍。燕麦的防治，主要通过土壤处理和人工拔除，大麦田禁止使用含精噁唑禾草灵的除草剂，如骠马。

十、叶面追肥

灌浆期配合防虫治病，每亩用 100~150g 磷酸二氢钾兑水 30~50kg 喷施一遍，不仅可以延长叶片功能期，也可提高粒重和改善品质。

十一、苗期管理

大麦的生育进程早，分蘖的数量多，生长速度快，并且幼穗的分化时间也会比小麦早。幼苗期根部较为发达，营养吸收能力强，要提前管理。大麦可耐瘠薄，且茎秆较为柔软，施肥过多，容易倒伏，所以幼苗期要控制好追肥，避免出现因追肥过量反而幼苗生长受到阻碍的现象。播种后还要做好保温工作，如果温度过低，大麦会出现黄叶等现象，不利于开花授粉。

第二节 病虫害绿色防控

一、病害

1. 锈病

锈病的防控，以农业防治为主，辅助药物防治。

农业防治：选择抗病品种，注意秋耕冬灌灌。早期增施有机肥，需充分腐熟。合理配用磷肥和钾肥，增强土壤肥力，提升植株抗病体质。冬季合理灌溉。大麦收获后，注意翻耕灭茬，消灭麦田自生麦苗，消灭越季病源。

药物防治：此病发现及时，初期用65%代森锰锌可湿性粉剂，每次600倍液；或20%三唑酮乳油，每次1 500倍液；或30%醚菌酯悬浮剂，每次1 000倍液，喷雾防治，预控效果更好。

2. 大麦根腐病

农业防治：轮作倒茬，与非禾本科作物轮作。早期选用抗病品种，结合秋耕冬灌。注意增强植株抗病体质，适时增施有机肥，配用氮磷钾肥，能起到不错的防控效果。

药物防治：早期拌种，用15%三唑酮可湿性粉剂或0.2%退菌特可湿性粉剂或2.5%适乐时可湿性粉剂，每次用

100mL，兑水 1~1.5kg，喷施拌种。

3. 散黑穗病

农业防治：早期用抗病品种，加强田间管理，合理轮作倒茬，改善田间管理，增施有机肥，加强灌溉，培育壮苗，降低此病易感概率。

物理防治：抽穗之前有发病苗头，立即拔除，减少病菌传播。

药物防治：每次用 2% 立克秀 10g，兑水 150mL 调成糨糊状，拌种 10kg，防治效果不错。

二、虫害

1. 蚜虫

农业防治：麦田合理密植，增施有机肥，确保植株健壮。加强田间管理，及时清除杂草，增强抗蚜能力，减轻此病为害。

物理防治：用塑料薄板或纸板，上涂抹黄油，以诱杀有翅蚜虫。或悬挂诱杀板，每亩 30 块，效果不错。

化学防治：可用 10% 吡虫啉可湿性粉剂 20g 或吡蚜酮可湿性粉剂 5~10g，兑水 50kg，均匀喷施，能很好抑制蚜虫的繁殖。

2. 黏虫

农业防治：根据栽种要求，选择抗黏虫品种。重视田间管理，合理密植，增施有机肥，调控田间小气候，减少虫卵的孵化，降低幼虫成活率，起到防控此病的目的。

物理防治：清灭成虫。成虫活动频繁期，用糖醋配置诱杀药剂，能起到不错的防治效果。

药物防治：通常情况下，幼虫三龄前，用2.5%溴氰菊酯乳油2 000倍液，喷雾喷施防治。

第三节　适时收获

收获时间以蜡熟期为宜，此时麦粒的干物质积累已达最大值，茎秆尚有弹性，收割时不易落粒。如天气晴好，可于蜡熟末期集中力量收割，集中晾晒2~3d，可使其降水快而均匀、色泽正。若天气不稳定，则宜完熟后抢晴天，在籽粒水分低时直接收获。收获后要及时摊晒，防止雨淋受潮，确保籽粒有较高的发芽率。

第五章　燕麦高产高效栽培技术

燕麦营养价值丰富，是粮饲兼用型作物。其蛋白质含量高，氨基酸含量均衡、组成全面，是全价优质蛋白质，又含有可溶性膳食纤维、不饱和脂肪酸及燕麦甙、多种维生素和人体必需的矿物质，具有降血脂、调节血糖、改善肠胃功能、防癌等食疗保健功能，对由高脂血症引起的心脑血管疾病、心绞痛、心肌梗死、中风、脑血栓和糖尿病以及肥胖病有预防和治疗作用。燕麦籽实是饲养幼畜、老畜、病畜和重役畜以及鸡、猪等家畜家禽的优质饲料。叶、茎秆多汁柔嫩，适口性好，是最好的饲草。现将其栽培技术介绍如下。

第一节　栽培技术

一、选土整地

燕麦适应力强，对土壤要求不严，在贫瘠干旱的地带也能生长，但为了提高燕麦的产量，适宜种植在土层深厚、地势平坦、疏松肥沃的土壤中。此外，燕麦忌连作，否则病虫害严重，产量较低。种植前将土壤深翻晒白，视种植时间来选择是深耕还是浅耕，一般秋季种植是深耕，春季浅耕，耕后一定要将土块耙细，这样可以起到保墒的作用，从而提高播种成活率。

二、松土除草

燕麦出苗前若遇雨雪，要及时轻耱，破除板结。在整个生育期除草 2~3 次，3 叶期中耕松土除草，要早除、浅除，提高地温，减少水分蒸发，促进早扎根、快扎根、保全苗。拔节前进行 2 次除草，中后期要及时拔除杂草。种植面积不大，可选用人工除草。种植面积较大时可采用化学除草剂，在 3 叶期用 72% 的 2,4-D 丁酯乳油 60mL/亩，或用 75% 巨星干悬浮剂 1~2g/亩，选晴天、无风、无露水时均匀喷施。

三、选种和处理

（一）选种

要选择抗病能力强、抗倒伏的优良品种，同时去除里面的小粒、秕粒、虫粒以及杂质，筛选出籽粒饱满的种子，以提高发芽率。另外，还需要根据当地的土壤特点、需求等因素来选择适合的品种。

（二）处理

选择好种子需要对种子进行处理，首先需要在播种前对种子进行晾晒，在晴天将种子摊晒 2~3d，提高种子发芽率和成活率，使其苗齐、苗壮。另外，也可以选择用药剂拌种，以防治病虫害。

四、播种

（一）播种时间

早春土壤解冻 10cm 左右时即可播种。燕麦的适宜播期在 3 月 25 日至 4 月 15 日，最佳播期为清明前后，最迟不要超过谷雨。根据降水情况，抢墒播种尤为关键，抓苗是旱地燕麦高产的一项主要措施。

（二）播种方法

燕麦最好采用机械播种或人工开沟条播，不宜撒播。条播行距 15~20cm，深度以 3~5cm 为宜，防止重播、漏播，下种要深浅一致，播种均匀，播后耱地，使土壤和种子密切结合，防止漏风闪芽。每亩播种量为 10~15kg。

（三）种植密度

播种密度过小，则会造成土地的浪费；如果过密，又会相互竞争而导致营养不足导致低产。但播种量应该根据所选择的燕麦品种来确定密度，一般情况下，每亩土地的播种量为 100kg，每亩的苗量为 24 万~30 万株时较为合适。如果土壤肥力较好、生产水平较高，那么可以适当增加播种量。

五、施肥灌溉

施足基肥。燕麦属须根系作物，有较强的吸收能力，对氮肥非常敏感，对肥力的需求较大，所以要在播种前给土地施足基肥。基肥主要以农家有机肥为主，适当的施加复合化肥加以辅助。施基肥主要在春耕时进行，每公顷施有机肥约30t、过磷酸钙600kg、尿素300kg。其中尿素在播种前施加60%，另外40%则在燕麦拔节孕穗期结合中耕追肥用。

燕麦分蘖拔节期结合灌水每亩追施硫酸铵25kg，旱地应就雨追肥。燕麦开花灌浆期，可用0.2%~0.3%磷酸二氢钾水溶液，与20%的尿素溶液混合根外追肥，每亩喷药液70kg，7d后再复喷1次促进灌浆，适时追施叶面肥，提高粒重。有灌水条件的地方，如遇春旱，于燕麦3叶期至分蘖期灌水1次，灌浆期灌水1次。

充足的水分和肥料是高产的关键，应在燕麦需水的关键期及时追肥、灌水。一般苗期需水量较多，根据土壤的情况来适量浇水，每次要求浇透。拔节期至抽穗期也是需水肥的关键期，也要及时浇水。燕麦拔节期需肥量大，要及时追肥，每亩按一定的标准来追施尿素。另外在拔节后期、抽穗前期，则要追施一次叶面肥。

六、加强田间管理

根据燕麦不同生育阶段对环境条件的要求，采用相应的技术措施。

（一）苗期

1. 及早中耕除草，防旱保墒

按苗期生物学特性，由浅入深，从幼苗期到拔节期视苗情进行 2~3 次拔除，冬前要培土保蓄水分，促根养蘖。

2. 巧施苗肥，分蘖肥，促进苗齐苗壮

从 4 叶期至冬前这一段时期要酌情早施苗肥，分蘖肥 1~2 次，促分蘖早生壮发。苗期追肥以氮肥为主，结合中耕除草每亩追施尿素 5~7.5kg，或追施氮磷复合肥料10~12kg/亩。

（二）拔节孕穗期

1. 中耕培土，壮秆防倒伏

根据山区燕麦地春旱较重，在燕麦拔节后至封垄前，中耕一次，深度 3~6cm，并辅之以适当培土，达到减轻地表水分蒸发、控制基部茎节徒长的目的。

2. 酌施拔节孕穗肥

由于山地气候冷凉，幼穗分化期长达 110~130d，在燕麦基部第一节间定长后，及时增施拔节孕穗肥。追肥应视苗情而定，壮苗可在基部第二节基本定长时追施 1 次，弱苗可分别在拔节期至孕穗各追肥一次，每亩用尿素 5~8kg，

磷肥 5kg。对于坝区生长良好的燕麦，拔节孕穗的追肥要以控为主，促控结合，切忌过量施用氮素化肥带来的后期倒伏。

（三）抽穗成熟期

1. 抗旱、防涝、预防燕麦植株早衰或倒伏

可视干旱出现时期及程度浇灌 1～2 次抽穗扬花水，做到以水养根，保护叶片防早衰，达到以叶保粒的目的。同时注意在灌浆后期若遇雨水偏多，应做好排水防涝，预防贪青晚熟或倒伏。

2. 适时追施叶面肥

视情况酌情进行叶面追肥，各种叶面喷肥浓度为：氮肥 1%～2%，过磷酸钙浸溶液 2%～4%，磷酸二氢钾为 0.1%～0.3%，尿素与过磷酸钙溶液混合施用浓度为 3%，每亩叶面喷肥施用量在 50～75kg。

第二节　病虫害绿色防控

遵循预防为主、综合防治的方针，从整个生态系统出发，优先使用农业措施、生物措施，综合运用各种防治措施，创造不利于病虫害滋生、有利于各类天敌繁衍的环境条件，保持生态系统的平衡及生物多样性，将各类病虫害控制在允许的经济阈值以下，将农药残留降低到规定的范围内。引种时应进行植物检疫，不得将有害的种子带入或带出。选择优良品种的优质种子，实行轮作，合理间作，加强土、肥、水管理。清除前茬宿根和枝叶，实行冬季深翻，减轻病虫基数。掌握适时用药，对症下药。燕麦坚黑穗病可用拌种双、多菌灵或甲基托布津以种子重量 0.2%~0.3%的用药量进行拌种；燕麦红叶病可用 40%的乐果、80%的敌敌畏乳油或 50%的辛硫磷乳油 2 000~3 000 倍液等喷雾灭蚜。黏虫用 80%的敌敌畏 800~1 000 倍液，或用 80%敌百虫 500~800 倍液，或用 20%速灭丁乳油 400 倍液等喷雾防治。对地下害虫可用 75%甲拌磷颗粒剂 15.0~22.5kg/hm²，或用 50%辛硫磷乳油 3.75kg/hm² 配成毒土，均匀撒在地面，翻耕于土壤中防治。

第三节　适时收获

人工收获和机械收获在蜡熟后期进行，选无露水、晴朗天气进行。收获后及时脱离、晾晒，含水量达到 14%以下，可通过自然、人工先进方法进行干燥。登记造册：包括品种名称、种质来源、种植年限、种植地块、收获时间、纯净度、发芽率、含水量、种子等级、登证者签名等。用布包或麻袋或其他器具包装，种子袋上应有标签，包括品种、等级、产地、收获期、发芽率、纯净度等。种子贮藏库要求防水、防鼠、防虫、防火、干燥、通风，相对湿度不超过 60%。专人管理，定期检查。

第六章　糜子高产高效栽培技术

糜子，原名稷、黍，是我国传统的粮食作物之一，谷粒富含淀粉，供食用或酿酒，秆叶可为牲畜饲料，还具有一定的药用价值，糜子性味甘、平、微寒、无毒，是中国传统的中草药之一。全世界糜子栽培面积 550 万~600 万 hm^2。

第一节　栽培技术

一、品种选择

根据气候特点和土壤状况，一般选用抗逆性较强、耐瘠薄的品种，有灌溉条件的地块要选用抗倒伏的高产品种，旱地要选用不易落粒的抗旱高产品种。优良品种一般可增产 10% 以上，目前优良品种有粘丰 5、粘丰 7、齐黍 1 号等。

二、选地整地

糜子对茬口反应特别敏感，应避免重迎茬种植。选择保肥保水、有机质较高的地块，最好是大豆茬。"糜子粒小最怕坷垃咬",为了播种保全苗,首先要整好地。具体做法是秋翻地,耙、压,增加土壤的蓄水;也可春播前精细整地,达到平、匀、净、细,上虚下实;也可利用原垄播种,有利于防旱保墒易抓全苗。一般可提高保苗率 15% ~ 20%,而且出苗整齐,幼苗苗壮,长势良好。

三、增施底肥

由于瘠薄地土壤有机质含量较低,肥力较差,施用一定量的有机肥,有显著增产作用。沙土有机质分解较快,基肥宜施半腐熟的有机肥料和凉性肥料。黏土地宜施腐熟度高的肥料;向阳的温热地宜施猪粪、牛粪等凉性肥料;阴坡地宜施骡马粪、羊粪等热性肥料。实验结果表明,在一定范围内,随着有机肥施量的增加,糜子产量显著增加,有机肥与适量的氮、磷肥合作底肥效果最佳。每亩施优质农家肥 2 500 ~ 4 000kg,在翻地起垄时施入土中。播种时每亩施磷酸二铵 10kg、尿素 5kg 作底肥,可促使糜子发苗早,苗壮。

四、适时播种

糜子的适宜播种期一般为土壤湿度 70%,土壤温度 12℃以上。播种过早,糜子苗期易受干旱和冻害,成熟期大量落粒;播种过晚,又易贪青晚熟,受早霜冻害。具体播种时间还要视土壤墒情和品种而定,但要确保霜前能正常成熟。为确保增产,齐齐哈尔地区一般在 5 月 5—10 日播种。播种前一般晒种 2~3d，可以提高种子的芽势和发芽率。然后用盐水选种，除去瘪粒和草籽，再进行药剂拌种，用辛硫磷拌种防治地下害虫，用粉锈宁乳油防治黑穗病。选无风天，垄上机械开沟施肥条播，播种深度 3~4cm，播后镇压保住墒情，每亩用种量不超过 1kg。

五、合理密植

创造一个良好的群体结构，能充分利用光和土壤肥力，是获得糜子高产的重要环节。原则上要掌握肥地宜稀，瘦地宜密；灌溉地宜稀，干旱地宜密。努力做到苗全、苗壮、苗匀。防止出现缺苗断垄、稠密不均和植株参差不齐的情况，行距 65cm 左右，一般肥力高、平地亩保苗 4 万~4.5 万株，肥力低、岗坡地亩保苗 3.5 万~4 万株。

六、中耕灭草

糜子幼芽顶土力弱，在苗前遇雨常造成土壤板结，出苗困难。因此，必须破除板结，以利幼芽出土。糜子生育期间中耕一般不少于 3 次。第一次中耕在幼苗 3~4 片叶时进行。头锄宜早不宜晚，要结合间苗中耕，深 5~6cm，彻底清除杂草。经过 10~15d 后，进行第二次中耕，深 8~10cm，锄净行株间的杂草及野糜子，并进行适当地培土，防止倒伏。第三次中耕要在抽穗前进行，可根据田间杂草和土壤情况灵活掌握，并注意适当浅锄，避免伤根。糜子是比较耐旱的作物，但要获得良好的收成，还需适时进行灌溉。

化学除草：封闭除草如 45%扑草净·西草净可湿性粉剂、阿特拉津，苗后茎叶处理如精喹禾灵乳油、2,4-D、灭草松等。

七、追肥

追肥以速效氮肥为主，适当配合根外追肥。氮素化肥分期使用比一次施用有明显的增产效果。

糜子应在拔节时第一次追肥，每亩追施尿素 5~7kg，第二次追肥在孕穗前，施用氮肥要少些，磷、钾肥要多些，也可以施入一些草木灰，以防止倒伏。这次追肥的目的主要是促进穗大粒多。瘦地或植株脱肥发黄的地块，抽穗后还要追施第三次肥。缺磷的植株，在齐穗后还可用过磷酸钙进行根外追肥，有灌溉条件的地方，施肥后灌水，效果更好。在拔节到孕穗期间，根据土壤水分情况进行灌溉，土壤水分不低于田间持水量的 65%~75%。

第二节　病虫害绿色防控

糜子的病害主要是黑穗病。虫害主要是糜子吸浆虫、粟茎跳甲等。

（一）黑穗病（黍黑穗病）

此病主要由种子传染，翌年在种子发芽后又侵入寄主。防治方法如下。

（1）选用抗病品种。

（2）农业防治。轮作倒茬和建立无病留种地，一般实行 3 年以上轮作，发现田间病株及时拔出，减少病原。

（3）化学防治。用药剂拌种，用有效成分占种子重量 0.05%的粉锈宁拌种；2%立克秀湿拌种剂 10～15g，12.5%烯唑醇可湿性粉剂 10～15g，兑水 700mL，拌 10kg 种子；或甲基硫菌灵 50%可湿性粉剂按种子重量 0.1%～0.5%用量拌种。

（二）糜子吸浆虫（黍蚊）

在心叶及嫩穗中为害。在抽穗始期和抽穗期各喷 1 次，每公顷用 4.5%高效氯氰菊酯乳油 150～225mL 或 40%毒死蜱乳油 1 500～3 000mL 或 10%吡虫啉可湿性粉剂 300g 等量混合喷雾，可结合叶面肥、杀菌剂一起施药。

（三）粟茎跳甲（糜子钻心虫）

成虫为害叶表组织，把叶片咬成不规则的纵纹。幼虫为害心叶造成枯心，也咬食嫩穗。防治方法是：苗期如发生粟茎跳甲，可用 2.5%敌百虫粉剂喷雾防治，每亩用量 1.5～2kg，每隔 7～10d 喷 1 次，至少喷 2 次；或用 5%氯氰菊酯乳油 2 500 倍液，每亩 75～100mL 喷雾。

如发生黏虫，可用 80%敌敌畏乳油 1 000 倍液或辛硫磷乳油 1 500 倍液喷雾防治，还可以兼治玉米螟。

第三节　适时收获

　　糜子籽粒的成熟期很不一致。当穗上部分籽粒已饱满成熟，部分籽粒已经脱落，中部籽粒才进入蜡熟期，而下部籽粒还是绿色，收获过晚穗茎易折断，或遇大风易落粒，但收获过早往往增加秕粒的比例，降低粒重。所以选择糜子适宜收获期十分重要。一般当大田中大部分穗的籽粒已经坚硬，种皮的青色消失并有光泽，颖壳黄白色，但茎秆还是绿色，叶片稍具浅绿色，这时收获比较适宜，既可减少糜穗落粒损失，又能提高茎叶饲用价值。

　　糜子籽粒较小，很容易和杂草种子混淆而不易分辨。因此，在收割前要做好选种、留种工作。最好在留种地里进行穗选，选取生长健壮、穗大粒饱、无病虫害的穗子作种子。糜子收割后一般在田间晾晒 2~4d，捆好后再晾晒数天，然后把糜子捆堆放整齐。糜堆不宜过大，以防止发热霉烂或阴雨造成损失。在有条件的地方，可采用机械脱粒和烘干，尽快入仓贮存。

第七章　青稞高产高效栽培技术

青稞属于高原地区特有的农作物之一，属于裸大麦的范畴，至今已经有 3 000 多年的栽培史。青稞的产量和面积与和我国主要的粮食作物（如小麦、水稻）相比，所占的比例很小，属于小杂粮的一种，然而青稞的覆盖面积以及总播种面积较大，在小杂粮中属于大作物。青稞主要分布在我国西藏自治区、青海、四川甘孜藏族自治州和阿坝藏族羌族自治州、云南迪庆、甘肃甘南等地。

第一节　栽培技术

一、选用优良青稞品种

选育青稞新品种，在实际生产中进行大量投入，能够对以往青稞品种的缺陷进行有效改善，对于社会效益和经济效益的提升有着积极的促进作用。选育西藏青稞需要对稳产、丰产进行充分的把握。在改良青稞品种的时候，通常会用到杂交育种、引种以及系统育种的方式。

二、播前整地

青稞适应土壤的能力很强，西藏很多区域都能进行青稞的种植。受气候、土壤以及种植制度的影响，青稞整地也存在着一定的差异。旱地的整地需要在休闲期进行，根据降水量的具体情况对土地进行深翻，冬季要做好保墒工作。在播种前进行施肥整地，可在水肥条件较好的地方埋入一定的除草药剂。对于青稞种植而言，播前整地有利于促进青稞播种质量的提升，为青稞的高产稳产提供有效保证。

三、轮作倒茬

青稞重茬会造成土壤养分缺乏，并加重了病、虫、草的为害和蔓延，导致产量无法提高，造成减产。因此，必须进行合理轮作。要求三年以上的轮作，一般轮作方式为青稞—洋芋—油菜—豌豆。

四、适时播种

早播的青稞很容易入土，根系较为发达，能够对土层较深的养分和水分进行充分吸收，促进植株更好生长。青稞适合在高寒地区播种，播种得早，成熟得也早，早播能够使青稞免受后期自然灾害的影响，这是保证青稞高产稳产的一项重要举措。海拔不同，春青稞的播种时间也不同。

通常而言，春青稞的播种时间选在 3 月上旬到 4 月上旬最为适宜。春青稞的播种时间确定好之后，要选在日出前，且地表解冻层超出 5m 之后才能进行播种。在播种青稞时，要集中人力、物力以及畜力，做到适时早播，这样其根系就得到更好的发育，为青稞的高产稳定奠定良好的基础。

在播种青稞之前，要对播种机进行仔细检修，控制好播放量，保证种子能够均匀播种，不漏播、不断行，做到苗齐苗全。在完成播种之后，要仔细检查地头、地边，在漏播的地方要及时补种。在青稞出苗后，要对基本的苗数进行检查。出苗比较密集的地方，可以适当降低养分和水分的投入，避免幼苗徒长以及无效分蘖问题的出现，要对群体进行有效的控制，保证幼苗能够苗壮成长，这样才能保证穗大、颗粒饱满。对于出苗稀疏的地方，要适当增加水分与养分，促进分蘖尽早成穗，这样青稞才能发育得更好。

五、青稞种植时间

正确掌握青稞播种节令，达到苗全、苗壮，满足青稞生长发育所需要的时间，获得高产。青稞适时种植一般以气温为依据，幼苗在越冬前后形成壮苗为原则，过早过迟都不宜，播种过早，由于气温较高，发育进程快，营养生长期缩短，植株矮小，早抽穗，穗头小，产量低，播种过晚，气温低，出苗迟而少，生长慢，根系差，分蘖少，苗弱，幼穗分化时间缩短，不易形成多穗大穗，千粒重不高，同样影响产量，所以要适时播种，一般青稞种植的播种期应在 11 月下旬至 12 月上旬集中播完（即立冬前后）。

六、幼苗管理

在青稞幼苗出土后要做好查苗补苗工作，疏除过密幼苗，在缺苗穴口补上同等生长的幼苗，保证匀苗全苗。注意做好除草工作，合理除草是保证青稞健康生长的关键，一般以化学除草为主，通常在幼苗长到 4 片左右时与中耕除草工作结合进行。注意做好病虫害的防治工作，增强青稞的生长能力，提高产量。

七、合理密植

青稞的密度，一般应视不同地区、品种特性、播种早迟、土壤肥瘦等具体条件而有所不同。土肥条件优良时应合理密植，亩播量严格控制在 18kg，亩基本苗 28 万～30 万株，产量最佳。

八、水肥管理

浇水施肥工作是为了满足青稞在生长中对营养水分的需求。在幼苗期时，要注意合理浇水，促进幼穗的分化生长成大穗，抽穗期要适当增加浇水量，促进青稞颗粒饱满，提高营养积累。根据幼苗生长情况及土壤等因素合理调整施肥量，要注意控制好氮肥的用量，过量极易导致青稞徒长。

九、预防青稞倒伏

倒伏是青稞低产的主要原因之一,一是品种本身不抗倒;二是密度过大,在种植过程中施肥过多,从而导致倒伏的发生;三是应合理灌溉、合理施肥,灌水不足或施肥不合理都会影响最后的青稞产量。

十、青稞不同时期的栽培要点

(一) 备耕期

1. 合理选茬

水地选择地势平坦、排灌方便的地块;旱地选择土壤耕层深厚、土壤结构适宜、理化性状良好、土壤肥力较高的地块。

青稞不能连作,也不能与小麦、燕麦等麦类作物轮作,选择前作豌豆、油菜、马铃薯茬为宜。

2. 消灭鼢鼠

早春土壤解冻,鼢鼠进入活动高峰期,鼢鼠是以植物根茎和老叶为主,对青稞危害很大,可采用弓箭或溴敌隆杀鼠剂对青稞及周围地块的鼢鼠进行一次全面扑杀。

3. 精细整地

整地质量的好坏，对青稞出苗、根系发育和培育壮苗有很大的关系，也是是否能获得高产的基础。前茬作物收获后，及早耕翻灭茬，耕深 20~25cm，结合耕翻秋季施有机肥 1.5~2m³，冬季碾地保墒一遍，播前轻耙 8~10cm。板茬地待土壤解冻深度大于 10cm 及时春浅翻一遍，耕深 12cm，结合浅翻施有机肥，耕翻精翻，翻虚翻透，并及时重耱地保墒 1 遍，打碎土坷垃，做到地表土壤细碎，平整无犁沟、愣坎。

4. 土壤处理

为防除野燕麦、水燕麦等禾本科杂草，亩用 40% 燕麦畏乳油 200~250mL，兑水 15kg 或拌入 50kg 细沙或细潮土，均匀喷雾或撒到地表，及时用耙或旋耕器混土 8~10cm，接着耱地镇压一遍，或选用其他安全、高效除草剂处理。

种植面积大，有条件的最好采用大中型喷雾、旋耕、镇压一体机进行土壤处理，使表达到上实下虚，以防跑墒。

5. 施足底肥

青稞生育期短、发育快、分蘖率强，早期对养分反应敏感，分蘖至拔节期是养分吸收最多的一个时期，占全生育期的 60%~70%，且吸收快，加之根系发育不强、根群弱、分布浅等特点，施足基肥，早施追肥非常重要。充足的基肥是促进青稞前期早发、中期稳长、后期不早衰的重要措施。

在亩施农家肥 2m³ 或生物有机肥料 50~100kg 的基础

上，结合春耙地、浅翻将占总需肥量的 80% 的化肥作为底肥一次施入，一般亩施尿素 6~10kg、磷酸二铵 8~11kg、氯化钾 4~6kg 或青稞专用肥 35~50kg，条件容许时最好利用分层施肥条播机播种时施入。

（二）播种期

1. 精选种子

用种子精选机、风车或人工簸、筛等方式进行精选，去除秕粒、半粒、杂质等，保证种子质量。

用种量少时采用人工粒选种子，提高种子纯度、发芽率和发芽势，充分发挥种子增产作用。

种子要求选用上年新种子，避免使用陈年种子和不明来源的种子。种子纯度达到 95% 以上、净度达到 99%，发芽率达到 90%、发芽势达到 95%。

2. 播前晒种

播前晒种是利用阳光中的紫外线杀灭种子表面的病菌、虫卵，改善种子通透性，打破种子休眠期，提高种子活力。播前选择晴天将种子摊成 5~10cm 厚度，在日光下晒 2~3d，晒时勤搅动，夜间盖上篷布。

3. 药剂拌种

播前用 80%402 抗菌剂 2mL，兑水 2.8kg，拌种 20kg，闷种 6h 或 1% 石灰水 50kg 浸种 30kg 1~2d 或 15% 三唑酮可湿性粉剂拌种 25kg，预防青稞条纹病、云纹病和黑穗病。

4. 播种方法

采用播种机条播，行距 18~20cm，种子覆土 3~5cm，播种过浅浮种增多，失墒出苗不全，过深造成"圈黄"，出苗不整齐。播种时播种机运行速度应平稳中速前进，要有专人随机经常搅动种子，观察输种管是否畅通，以防堵塞和漏播。

播种完毕根据土壤墒情必须镇压、耱地一遍，土壤墒情好时只轻耱一遍，土壤墒情差时用重型镇压器镇压、耱地一遍，以防失墒不出苗或幼苗吊线，有利于苗全苗壮。

5. 播种量

青稞播种量应根据地力水平、生态类型不同来确定，肥力高的地块该采用精量或半精量播种，亩下播量控制在 17.5~18kg；肥力差的地块采用常规播种量，亩下播量控制在 20~22.5kg。

6. 搭配施种肥

播种时，每亩用种量中加入尿素 2.5kg、磷酸二铵 2.5kg，混合均匀后播种，混合好的种子不能长时间存放。

（三）田间管理

1. 查苗补苗

及时到田间检查出苗情况，发现板结，及时采用碾、钉齿耙等农机具消除板结，漏播时补种，重播的要及时间苗。青稞幼苗过稀达不到应有的株数，发挥不了群体作用，过密不利于有效分蘖和通风透光，造成植株纤细瘦弱，有效分蘖减少，形成独秆，有效穗数和穗粒数也明显减少。

一般情况下明部浅山亩保苗 22 万~26 万株，总株数 35 万~40 万株。脑山宜密不宜稀，保苗 30 万~35 万株，保株 40 万~45 万株。

2. 早施追肥及中耕松土

青稞苗期以营养生长为主，吸收养分占全生育期的 50%。青稞苗期的营养状况是决定穗粒数的重要因素，早施追肥，可以培育壮苗，为增加有效分蘖和穗粒数打好基础。青稞 3 叶 1 心期及时中耕松土除草一遍，并结合沟施尿素 3~4kg。也可降雨时亩施入尿素 4~5kg，种植面积大可以采用播种机在行间播入，省工省事。

3. 根外追肥

拔节期至抽穗期每亩用磷酸二氢钾 300g，兑水 50kg 叶面喷施 1~2 次。表现早衰地块每亩加喷施尿素 1kg 混合液喷施，促灌浆防青干。

4. 浇水

出苗后根据旱情及时浇苗水，保证齐苗壮苗；拔节前浇拔节水，后期视旱情适度浇水。

5. 预防倒伏

对苗期生长过于旺盛（拉大叶）的地块，亩喷施 0.1%~0.15% 的矮壮素或 25% 多效唑可湿性粉剂 50g 兑水

15kg 叶面喷雾，以防倒伏和贪青不熟。

第二节　病虫害绿色防控

一、搞好以水肥为中心的栽培，提高青稞抗病虫能力

大力推广应用青稞配方施肥和尿素基施等抗旱保苗措施，保证足够的苗，促进苗早生快发和健壮生长，减轻病虫为害。

二、不断扩大秋深耕面积，破坏地下害虫越冬环境

多年的实践证明，秋深耕不仅能接纳秋雨、抗旱保墒，而且还能减少地下害虫越冬数量。

三、因地制宜，适当推迟播种期

由于 3 月中下旬播种气温稳定性差，易造成青稞出苗不整齐、幼苗强弱不均、抗逆能力差。因此应适期晚播、结合毒土，方能有效提高防虫效果，保证苗齐苗壮。

四、化学防治

1. 病害

用种子重量 2‰~3‰ 的 15% 粉锈宁或 40% 拌种双拌种

后，闷种 24~36h 播种，不仅能有效控制青稞坚黑穗病和散黑穗病的发生，而且还能起到兼治锈病、白粉病的作用。

2. 虫害

防治大粟鳃金龟、大绿丽金龟、土蚕等地下害虫，用 3% 的甲基异柳磷或 4.5% 的甲敌粉、3% 的呋喃丹于播前毒土或苗期施用均可。

第三节 适时收获

青稞的总成熟率达到 90%~95% 时，就可以对青稞进行收割。要在青稞籽粒蜡熟后期，选在晴天收割。收割如果不够及时，很容易影响青稞的整体品质以及产量。一般而言，收割选在青稞的黄熟期最佳，黄熟期的青稞，含水量不超过 22%，这样能够进行完全脱粒。收割青稞之后的晾晒工作一定要及时，将青稞的水分降到 12% 以下，随后筛掉糠壳，装袋库存。

第八章　薏苡高产高效栽培技术

薏苡为禾本科植物薏苡的干燥种仁，又名薏苡仁、薏苡米、苡米、六谷子、药玉米等，具有健脾利湿、清热排脓之功效。

第一节　栽培技术

一、选地、整地

薏苡生长对土壤要求不严，除过黏重土壤外，一般土壤均可种植，但以排灌方便的沙壤土为好。薏苡对盐碱地、沼泽地的盐害和潮湿有较强的耐受性，故也可在海滨、湖畔、河道和灌渠两侧等地种植。忌连作，前茬以豆科作物、棉花、薯类等为宜。整地前每亩施农家肥 3 000 kg 作基肥。深耕细耙，整平，除小面积外，一般不必作畦，但地块四周应开好排水沟。

二、选育优种

为防止或延缓品种的混杂、退化及黑穗病的传播，选育优种是保障高产的基础。薏苡有高秆和矮秆两个品种，一般选择矮秆品种，因其分蘖较多，花期较短，结实较密，成熟较早，产量较高，适于作为种子留种，尤其是海拔较低、常遇伏旱的地区更应选择早熟的矮秆品种栽培。收获前，在田间选择株型矮、生长健壮、穗多穗大、无病害的单株，单独收获，晒干扬净后贮存作种。也可选择一定面积符合株选标准的区块单收留种。对于大面积种植地区，应建立专为繁殖良种的种子田，按照留种选优种的要求，将株选得到的种子播于翌年种子田，种子田收获的籽种供翌年大田播种。

三、种子处理

黑穗病是薏苡主要病害，为预防危害，播种前必须作种子处理，常用方法有 3 种。

1. 沸水浸种

用清水将种子浸泡一夜，装入篾箕，连篾箕在沸水中浸没，同时快速搅拌，以使种子全部受烫，入水时间为 5~8s，立即摊开，晾干后播种。每次处理种子不宜过多，以避免部分种子不能烫到，烫的时间不能超过 10s，以防种子被烫死不能发芽。

2. 生石灰浸种

将种子浸泡在 60~65℃ 的温水中 10~15min，捞出种子用布包好，用重物压入 5% 的生石灰水里浸泡 24~48h，取

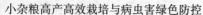

出以清水漂洗后播种。

3. 波尔多液浸种

用 1∶1∶100 的波尔多液浸种 24~48h 后播种。为避免播种后被鸟类啄食造成缺苗，播前可用毒饵拌种。

四、播种

（一）播种期

多在春分（3 月中下旬）播种，海拔较高地区多在清明至谷雨期间（4 月上中旬）播种，有伏旱的地方要尽量早播，如过迟，发芽快，就会因伏旱严重减产。

（二）播种方法

通常习惯采用点播，穴距 30cm，穴深 6cm，每穴种子 6~8 粒，每亩用种 4~6kg。播后亩施拌有人畜粪尿的火灰 300~400kg 于穴中，再覆土与地面相平。

五、田间管理

（一）间苗补苗

幼苗具 3~4 片真叶时进行间苗、补苗，每穴留壮苗 2~3 株。条播者按株距 3~6cm 间苗。5~6 片真叶时，按株距

12~15cm 定苗。

（二）中耕除草

中耕除草分 3 次进行。第一次在苗高 5~10cm 时浅锄；第二次在苗高 20cm 时进行；第三次在苗高 30cm 时，结合施肥，培土进行。

（三）施肥

生长前期为提苗，应着重施氮肥，后期为促壮秆孕穗，应多施磷钾肥。第一次中耕除草时，每亩施人畜粪尿 1 000~1 500kg，或用硫酸铵 10kg；第二次中耕除草前，用火灰拌人粪尿 100kg，在离植株 10cm 处开穴施入，中耕时覆土；第三次在开花前于根外喷施 1%~3% 的过磷酸钙溶液，过磷酸钙用量掌握在每亩 7.5~10kg。

追肥也分 3 次。第一次在苗高 5~10cm 时，每亩施粪水 2 000kg；第二次在苗高 30cm 或孕穗时进行，每亩施粪水 3 000kg；第三次在花期用 2% 过磷酸钙液进行根外追肥。

（四）浇水

薏苡播种后如遇春旱，应及时浇水灌溉，供其发芽。拔节、孕穗和扬花期，如久晴不雨，更亦灌水，以防土壤水分不足，果粒不满，出现空壳。雨季也要注意排出积水。

（五）排灌

苗期、穗期、开花和灌浆期应保证有足够的水分，遇

干旱要在傍晚及时浇水，保持土壤湿润，雨后或沟灌后，要排出畦沟积水。

（六）摘除脚叶

于拔节后摘除脚叶，摘除第一分枝以下的老叶和无效分蘖，以利通风透光。

（七）人工辅助授粉

开花期于10—12时，用绳索等工具振动植株使花粉飞扬，对提高结实率有明显效果。

第二节　病虫害绿色防控

一、病害

1. 黑穗病

又名黑粉病，主要为害穗部，系由染病种子附着的病菌孢子，随植株生长到达穗部，使新结实的种粒肿大呈球形或扁球形的褐色瘤状物，破裂后撒出大量黑粉（即病菌孢子），又继续浸染。为害严重时染病率可达90%以上，甚至颗粒不收。防治方法：注意选种和种子消毒处理；坚持半年田间单株选种，有条件的要建无病良种地；鉴于薏苡吸肥力强，故应实行轮作，避免连作，前作作物应以豆类、棉花、马铃薯等为宜。

2. 叶枯病

为害叶部，呈现淡黄色小病斑，叶片黄枯。发病初期喷 1：1：100 波尔多液，或用 65%代森锌可湿性粉剂 500 倍液。

二、虫害

虫害主要有黏虫和玉米螟。黏虫幼虫为害叶片，咬成不规则缺刻，也为害嫩茎和嫩穗，大发生时叶片能被吃光。除治方法：在幼虫期喷 50%敌敌畏 800 倍液，成虫期用糖醋毒液诱杀；为从根本上消灭黏虫，应挖土灭蛹。玉米螟一二龄幼虫钻入幼苗心叶咬食叶肉或叶脉；抽穗期，二三龄幼虫钻入茎内为害，蛀成枯心或白穗，遇风折断下垂。防治方法：早春将玉米、薏米茎秆烧毁，消灭越冬幼虫；5 月和 8 月夜间点黑光灯诱杀；心叶展开时，用杀螟粉 200 倍液浇心叶；土地周围种植蓖麻也可诱杀之。

第三节　适时收获

一、收获

采收期因品种和地区不同而异。早熟种小暑至立秋前（7 月至 8 月初），中熟种处暑至白露（8 月 20—30 日至 9 月 10—20 日），晚熟种霜降至立冬前（10 月 20—30 日至 11

月 10—20 日）；南方一般在白露（9 月上中旬），北方一般在寒露（10 月 1—10 日），以 80%果实成熟为适宜收割期，不可晚收，避免成熟种子脱落减产。收割时选晴朗的天气割取整个植株或只割茎上部，用打谷机脱粒或晒干后脱粒。

二、加工

脱粒后晒干，扬去或风去杂质，将净种子用碾米机碾去外壳和种皮，筛或风净后即成商品药材。

三、质量鉴别

薏苡呈卵形、椭圆形，基部略平，顶端钝圆。表面乳白色、光滑。常有少量淡棕色种皮残存，基部凹入，中央有点状种脐，侧面有腹沟，沟内淡棕色，依腹沟方向纵切可见胚乳较大，白色粉质，盾片狭长，淡黄色，胚细长，位于腹沟一侧，上端为胚根，下端为胚芽。种仁横切肾形，质坚硬，味甘。以粒大、色白、完整、无碎粒、无粉屑杂质者为佳。

四、储藏保管

薏苡在储存中易发生虫蛀和发霉，应在通风阴凉干燥处存储，并适时晾晒和按期烘焙。

第九章　蚕豆高产高效栽培技术

蚕豆是我国农业种植中的主要作物，既可作为传统口粮，满足人们的日常饮食需求，又是重要的出口资源，带动地区经济的飞速发展。通过对蚕豆种植技术的调整与优化，不仅能够使蚕豆种植的产量与质量出现显著的改善，还可以使蚕豆种植的经济效益实现大幅度的增长，从而提升人们的生活水平，为我国社会和谐稳定的发展奠定基础。

第一节　栽培技术

一、筛选优良品种

在种植蚕豆的过程中，为了确保蚕豆的产量与质量稳定，应先对蚕豆品种进行严格的筛选。一般选择产量高、抗旱性强、抗逆性强和性价比高的蚕豆品种。种植前，当蚕豆品种挑选完毕，将其与生物钾、多菌灵和辛硫磷混合，从而提升蚕豆种子的抗病虫害能力。

二、精选优质土地

土地既是蚕豆种植的重要组成部分，又是蚕豆健康成长的良好保障。在选择种植土地的过程中，应先利用仪器设备，对土壤的成分进行取样检测。土壤成分的检测内容主要包括土壤的 pH 值、含水量和重金属含量等。一旦发现某项数据超出正常指标后，应及时采取针对性措施予以处理，使土壤环境能够满足蚕豆的种植需求。虽然蚕豆生长喜好温凉湿润的气候，但是对土壤中的含水量要求相对较高。当种植土壤的含水量非常低时，会严重阻碍蚕豆的正常生长，使种植户的经济收益受到极大的影响。而种植土壤的含水量过高时，极容易造成根部腐烂，使蚕豆大面积死亡。所以，在筛选种植土地时，应尽量选择排水性能较好的温凉山区，为蚕豆的健康成长营造良好的客观环境。除此之外，弱碱性的种植土壤有利于蚕豆的生长，可提升质量与产量。

三、整地施肥

旱地蚕豆播前要进行翻挖、碎土，3~5m 分墒开沟；水田蚕豆采用免耕撬窝播种，2~3m 分墒开沟，沟深 20cm，沟宽 30cm，并开好田四周排水沟，确保排灌便利。蚕豆底肥可用 1 500~2 000kg/亩厩肥或堆肥，在出苗后覆盖豆田，还可起到保水、防冻的作用。

四、选择播种时机

播种时机的选择，对蚕豆种植的成活率，有着至关重要的影响。如果播种时机选择不恰当，不仅会使蚕豆成活率显著降低，还会造成重大损失。而选择恰当的播种时机，能够使蚕豆避免暴晒、秋霜和冬露等恶劣天气的侵扰，为蚕豆的发芽和结荚，奠定坚实的基础。通常情况下，秋播区的蚕豆播种一般以 10 月初至 11 月初为宜，而春播区的蚕豆播种控制在 4 月上旬至 5 月下旬。蚕豆播种过于密集，会使种植成本增加，种植质量显著下降，而蚕豆播种密度过低，会使蚕豆产量大幅度减少，使种植人员的经济收益受到严重影响。所以，在蚕豆播种的过程中，除对播种时机进行严格控制外，种植人员还应根据实际的种植面积，结合蚕豆的颗粒大小，参考土壤的肥力情况，测算出蚕豆的播种数量，以及蚕豆播种时的区域密度，为播种作业的开展提供帮助。

五、合理密植

蚕豆种植密度与气候条件、品种、土壤肥力密切相关，一般水肥条件好的高肥力田宜稀，土壤肥力低、气候冷凉田宜密，每亩基本苗 1.8 万 ~2.0 万株。株距 16cm，行距 20cm，播种深度为 2~3cm。

六、加强田间管理

田间管理工作，是蚕豆种植技术的核心，与蚕豆种植的产量与质量有着密不可分的关系。田间管理工作按照蚕豆的生长周期，可以划分为幼苗期、苗蕾期和花荚期 3 个阶段。其中，幼苗期是田间管理工作的首个阶段，也是管理工作中的一大难点。因为蚕豆的幼苗期抗性较弱，极容易受到自然因素的影响，导致幼苗停止生长，甚至出现死亡的现象，使蚕豆的种植成本出现显著增加。所以，在蚕豆的幼苗时期，种植人员应着重关注蚕豆的生长进度和病虫害情况。一旦发现某株幼苗迟迟不生长或出现病虫害问题时，应及时找出具体的根源，并通过浇水、施肥和喷洒农药等措施手段，使幼苗恢复正常生长。当发现某一种植区域内的蚕豆幼苗密度较大时，应通过移栽的方式使幼苗数量保持均衡，使蚕豆的整体产量得到较好的控制。在移植蚕豆幼苗的过程中，需要遵循就近挖出、带土移栽和查缺补漏的原则，使蚕豆幼苗的移栽存活率得到较好的提升，使种植区域内的蚕豆幼苗密度达到最佳。

在蚕豆的苗蕾期，生长速度远超于幼苗时期，种植人员更要着重关注蚕豆的种植密度，根据实际情况采取及时有效的处理措施，使蚕豆的植株变得更加强壮。

蚕豆花荚期的生长状况与蚕豆的总体产量密切相关。为了满足蚕豆花荚期的营养需求，种植人员应通过适当施肥，加强对蚕豆植株根部的养护，使蚕豆能够处于营养供给充足的水平，使整体产量得到显著的提升。在施肥作业的过程中，种植人员不仅要根据蚕豆的实际情况，按照比例配置肥料的浓度，还要对肥料的种类进行严格筛选，确保营养供给的效果达到最佳，并利用硼、钼和镁等微量元素，减少落花落荚问题的发生概率，促进籽粒的良好发育，从而达到提高蚕豆种植效益的目的。

除此之外，根据种植土壤的干旱程度，结合种植区域当地的气候特点，进行适当的浇水作业，可以提高种植土壤中的含水量，促进蚕豆健康成长。

综上所述，通过筛选优良品种，能够增强蚕豆种子的各种抗性，从根源上降低病虫害问题的发生概率。而精选优质土地和选择播种时机，可以为蚕豆的健康成长营造良好有利的环境。利用科学有效的田间管理措施，能够进一步提高蚕豆种植的产量与质量，大幅度降低种植过程中的各项经济开支，使蚕豆种植工作变得更加科学化和规范化，为我国农业的长远有序发展，提供有力的帮助。

第二节　病虫害绿色防控

一、蚕豆赤斑病

赤斑病是蚕豆生产中最主要的病害之一，如果发病比较轻，会使蚕豆产量降低，发病重则会导致蚕豆叶子枯萎，茎秆死亡，最终颗粒无收。叶片染病时会在蚕豆叶子出现小赤点，扩展后花冠变褐枯萎，如阴雨连绵，病斑迅速扩大或汇合，致叶片变为铁灰色，导致蚕豆植株大片落叶，植株各部变成黑色，遍生黑霉，枯腐。

二、锈病

锈病是蚕豆常发病害之一，蚕豆锈病病主要为害蚕豆的叶子和茎秆。发病初期仅在叶子两面着生淡黄色小斑点，后期颜色逐渐加深，呈黄褐色或锈褐色，斑点扩大并隆起，形成夏孢子堆。破裂后快速扩大蔓延，发病严重的整个叶片或茎都被夏孢子堆布满。发病后，叶片干枯、籽粒不饱满，发病严重时植株枯死，严重影响产量。

三、枯萎病

枯萎病是蚕豆近年来发生极为普遍的病害之一，发病后很难控制。该病在蚕豆整个生长期都会发生，植株各部位均可受害。病叶初呈淡绿色，逐渐变为浅黄色，叶缘尤其是叶尖部分常变黑焦枯。叶片逐渐变黄枯萎，病叶常扭折、弯曲，干枯脱落，慢慢地导致植株根部发黑，根系不发达，最终腐烂。

四、白粉病

白粉病病发主要为害蚕豆叶片、根茎和荚果。患部表面初现白色粉斑，粉斑扩大后融合，叶面可全部被白粉覆盖，后期在粉斑上可见针头大的小黑粒即闭囊壳。患病后幼荚变畸形。

五、根腐病

根腐病是一种真菌病害，发病后，受害植株主根和茎基部初生水渍状斑，后发黑腐烂，侧根枯朽，皮层易脱落，烂根表面有致密的白色雪层。后期病茎水分蒸发，病部干枯变灰白，表皮破裂如麻丝，大大减少蚕豆产量。

六、蚕豆炭疽病

主要为害叶片、茎秆及豆荚。叶片受害初期，表面上散生深红褐色小斑，边缘为浅褐色。病斑融合后成大斑块，多受叶脉限制，病叶很少干枯。后期病斑上产生黑色小点。

七、蚜虫

繁殖力极强，是蚕豆上的常见虫害，可为害蚕豆的整个生长期。蚜虫具有一对腹管，吸食植物汁液，为植物大害虫。不仅阻碍植物生长，形成虫瘿，传布病毒，而且造成花、叶、芽畸形，多群集蚕豆顶端嫩叶为害，使蚕豆生长迟缓，传播病毒，大大为害蚕豆生长。

八、蚕豆象

是为害蚕豆的主要虫害。栖息在蚕豆的叶片和花瓣上，以花粉和嫩叶为食。在蚕豆结荚期开始产卵，到结荚末期产卵结束。幼虫专害新鲜蚕豆豆粒，被害豆粒内部蛀成空洞，并引起霉菌侵入，使豆粒发黑而有苦味，不能食用；当蚕豆进入鼓荚期，幼虫即蛀入豆粒内取食；收获后继续在豆粒内化蛹、羽化、以成虫越冬，造成严重损失。

九、美洲斑潜蝇

美洲斑潜蝇以幼虫潜入蚕豆叶片表皮下，取食绿色组织，潜食嫩荚及花梗，为害严重时，叶片组织几乎全部受害，叶片上布满蛀道，尤其以植株基部叶片受害最重，甚至枯萎死亡，最终导致幼苗全株死亡，造成缺苗断垄；成株受害，可加速叶片脱落，引起果实日灼，造成减产。

十、蚕豆病虫害绿色防控

1. 慎重选择蚕豆种子

病虫害暴发的次数与其品种抗病性能力有关，因此在选择蚕豆品种时，要选择抗病能力强的、可以防治虫害的包衣种子，从而减少蚕豆病害发生的频率，提高蚕豆的质量和产量。

2. 水肥管理

首先要采取有效措施，合理安排灌溉，降低地下水位和田间湿度；其次在蚕豆生长期内增施磷钾肥，蚕豆根部有大量的根瘤菌，能固定空气中的氮素，满足蚕豆自身的需要。为了增强蚕豆抗病虫害能力，提高抗病率，可亩施过磷酸钙和草木灰，最后苗期喷施一次钼肥，促进蚕豆的生长、分枝，植株壮大，增强抵抗力，减少病虫害发生。

3. 化学防控

在发生蚕豆病虫害时，配置各种病虫害的农药药剂，小面积病虫害可以利用人工喷雾剂喷洒，在虫害暴发时选用机械短时间内大规模喷洒，直接杀死病虫，达到除病虫害的目的。但是要注意农药的浓度，浓度低，作业效果差，不利于病虫害的杀灭；浓度过高，对蚕豆植株造成伤害，不利于植株生长，甚至导致植株死亡。因此一定要恰当的配置农药。

第三节　适时收获

鲜食蚕豆，以豆荚肥大且籽粒明显鼓出时采收，干豆收获适期为叶片凋落，中下部豆荚变黑，干燥时一次性收获。

第十章 绿豆高产高效栽培技术

绿豆为豆科豇豆属一年生直立草本植物，东亚各国普遍种植，非洲、欧洲、美国也有少量种植，由于其生育期短，适应性强，苗期生长快，适于在丘陵区同各种旱作物间作套种，也可与高秆作物如玉米、高粱间混作。

第一节 栽培技术

一、选地倒茬

绿豆适应性特强，一般沙土、山坡薄地、黑土、黏土均可生长，常与玉米、高粱、棉花、甘薯、芝麻、谷子等作物间作，也可种于田埂及间隙地等。忌连作，因连作病虫害多，品质差，更因有害微生物繁衍而抑制根瘤菌的发育。同时，绿豆也是重要的肥地作物，是禾谷类的优良前茬。所以种绿豆要合理安排土地，实行轮作倒茬，最好与禾谷类作物如玉米、高粱、小麦倒茬，不宜以大白菜为前茬，一般相隔2~3年为好。

二、整地保墒

绿豆是双子叶作物，子叶出土，幼苗顶土能力弱，如果土壤板结或土坷垃太多，易造成缺苗断垄或出苗不齐的现象。因此，播种前要求深耕细耙，精细整地，耙平土坷垃，使土壤疏松，蓄水保墒，防止土壤板结，上虚下实，以利于出苗。

三、适时播种

（一）选用良种

选用粒大、皮薄、硬实率低、好煮易软、丰产性能好的品种，品种主要有白绿 522、白绿 6 号、白绿 8 号；亚洲蔬菜研究发展中心的中绿 1 号、中绿 2 号等；吉林的吉绿 9346、公绿 1 号、公绿 2 号，这些品种一般要比农家品种增产 40% 以上。

（二）适期播种

绿豆可以春播和夏播。春播在 4 月下旬到 5 月上中旬。夏播在 6 月中下旬，要力争早播。绿豆喜温，适宜的出苗和生长温度为 15~18℃，生育期间需要较高的温度。在 8~12℃时开始发芽。在开花结荚期间一般在 18~20℃最为适宜。温度过高，茎叶生长过旺，会影响开花结荚。绿豆在生育后期不耐霜冻，气温降至 0℃以下，植株会冻死，种子的发芽率也会随之降低。因此，夏秋播绿豆必须注意适时早播，以便在低温早霜来临之前正常成熟。亩播种量一般在 1.5~2.0kg，播种深度在 3.0~5.0cm 为宜。

（三）合理密植

绿豆的种植密度应随着品种特性、土壤肥力而定。一般应掌握早熟品种密，晚熟品种稀；直立型密，半蔓生型稀，蔓生型更稀；肥地宜稀，瘦地宜密；早种稀，晚种密的原则。一般早熟品种，低水肥地块的适宜密度为18万~20万株，每米间保苗11~15株；中熟品种，中等水肥条件的适宜密度为15万~17万株，每米间保苗8~10株；晚熟品种，高水肥条件的适宜密度应为12万~14万株，每米间保苗7~8株。

四、田间管理

（一）镇压补苗

播种后对播种墒情不好的地块，要及时镇压，随种随压，使种子与土壤密切接触，增加表层水分，促进种子发芽和发育，早出苗，出全苗。在绿豆出苗后，发现有缺苗断垄现象，应在7d内补种完毕。

（二）间苗定苗

为使幼苗个体发育良好间苗、定苗当绿豆出苗后达到2叶1心时，要剔除疙瘩苗。4片叶时定苗，株距在13~16cm，单作行距在40cm左右为宜。按既定的密度，去除弱苗、病苗、小苗、杂苗及杂草，留壮苗。实行单株留苗，利于植株健壮生长。

（三）中耕除草

不仅能消灭杂草，还可破除土壤板结、疏松土壤，减少蒸发，提高地温，促进根瘤活动，是绿豆增产的一项措施。一般是在绿豆第一片复叶展开后，结合间苗第一次浅锄，在第二片复叶展开后，开始定苗并进行第二次中耕，到分枝期进行第三次深中耕，并进行封根培土，中耕应进行到封垄为止。中耕深度应掌握浅—深—浅的原则。

（四）灌水防涝

绿豆是需水较多、又不耐涝、怕水淹的作物。绿豆幼苗期抗旱性较强，需水较少，花荚期是需水高峰期。此时，如遇干旱应及时灌水，但绿豆又怕涝怕淹。如苗期水分过多，会使根部病害加重，引起烂根死苗。后期遇涝，植株生长不良，出现早衰，花荚脱落，产量下降。因此，绿豆在雨季要排水防渍。

五、合理施肥

（一）绿豆的施肥原则

应以有机肥为主，无机肥为辅，有机肥和有机肥混合使用，施足基肥，适当追肥的方针。绿豆的生育期短、耐瘠性强，其根系又有共生固氮能力，生产上往往不施肥，但为了提高中低产地块的绿豆产量，应该增施肥料。一般亩施种肥磷酸二铵或氮、磷、钾复合肥 10kg 左右。绿豆追肥最好是在开花期结合封垄一起进行。每公顷可追施硝铵、尿素等氮肥 40~60kg，硫酸钾 100~120kg。

（二）根外追肥

较瘠薄的地块，在结荚期可进行根外追肥，叶面喷施磷酸二氢钾、富尔 655、绿风 95、邦尔一遍丰等植物生长剂，增产效果较明显。在肥力较高的地块，苗期应以控为主，不宜再追肥，氮肥过多，会导致营养生长过旺，茎叶徒长，田间荫蔽，植株倒伏，落花落荚严重，降低绿豆的产量。

（三）增施农家肥和磷、钾肥

绿豆根瘤菌虽有固氮能力，但增施农家肥和磷、钾肥，有明显增产效果。施农家肥可在播种前一次施入，施后耕翻入土。如来不及施底肥，在生长前期即分枝、始花期，要施入一定数量的氮、磷肥，以增强根瘤菌固氮能力和增加花芽分化。增施有机肥，接种根瘤菌，改进施肥方法，提高化肥的利用率，据有关报道，绿豆根瘤菌能供给的氮可达绿豆所需要总氮量的 50%~70%。所以接种根瘤菌是经济有效的增产措施之一。

（四）底肥施用

一般亩用钙镁磷肥 20kg 加灰渣肥 1 000 kg 或草木灰

25kg，再均匀拌和沙壤土 300kg 盖种。亩单用田必施优质生物有机肥 15kg 粉碎后和沙壤土 300kg 盖种的效果最好。

第二节　病虫害绿色防控

绿豆病虫害绿色防控要以农业防治为基础（加强田间管理，秋后深耕，增施钾素肥料），积极推广生物防治（保护利用自然天敌，充分利用天敌的自然控制能力），关键时期合理使用药剂防治。

一、防治病害

细菌性叶斑病：发病初期，可用 77% 可杀得或用 70% 的代森锰锌可湿性粉剂配成 350~400 倍液喷雾防治，也可用 72% 的农用链霉素进行茎叶喷雾。

真菌性病害：发病初期，用 70% 的甲基硫菌灵可湿性粉剂配成 800~1 000 倍液茎叶喷雾，也可用 50% 的多菌灵或 77% 可杀得茎叶喷雾防治。

二、防治虫害

蚜虫：可用吡虫啉或啶虫脒按说明使用，防治绿豆蚜虫。

草地螟：可用高效氯氰菊酯、辛硫磷、功夫等杀虫剂及时喷雾防治。

红蜘蛛：可用 0.5% 阿维菌素乳油或 15% 的哒螨灵乳油

喷雾防治。

第三节　适时收获

一般当植株上有75%的绿豆荚变黑成熟后，就可以在8月中旬到9月中旬分批收摘。每隔1周收摘1次效果最佳。等到绿豆荚大部分裂开之后，及时进行脱粒处理。在脱粒时，可使用木棒敲打进行脱粒，并用筛子把绿豆粒中的杂质清掉，筛选后再用簸箕进行一次细选，保证绿豆的洁净度并装入干净的袋中进行存放。

第十一章　红小豆高产高效栽培技术

红小豆又称赤小豆，富含淀粉、蛋白质、钙、铁和 B 族维生素等多种营养成分，食用和药用价值都比较高。

第一节　栽培技术

一、选择品种与种子处理

选择种植优良品种是获得红小豆高产的基础和关键，应选用籽粒较大，早熟高产，粒色鲜艳，皮薄、出沙较高的品种。一般可选择种植大红袍、宝青红、英国红、南京红、日本品种大纳言等，这几个品种光泽度好，品质佳，产量高，抗病性强。将种子进行人工精选，去除杂质和坏粒等，使种子达到精量点播的标准，播种前选择晴朗的天气晒种 2~3d，晒种后在播种前采用种衣剂进行种子包衣，可选用士林神拌种王，药种比例为 1:(50~60)，阴干后播种。

二、选地整地与合理施肥

红小豆属豆科作物，对土壤要求不严格，以排水良好、保水保肥、富含有机质的沙壤土为宜。红小豆不耐涝，较耐瘠薄。应选择前茬种植玉米、小麦等禾本科作物地块，避免与豆科作物重茬，因重茬可使病害加重，杂草丛生，根系发育不良，根瘤减少，降低红小豆产量和品质。选地时需要掌握必须选择在上年没有使用过阿特拉津、豆磺隆、广灭灵、普施特等长效农药的地块，以免产生药害，造成不必要的损失。红小豆拱土能力较弱，要精细整地，整平耙碎，早春顶浆打垄，及时镇压，保持土壤墒情。结合整地每公顷施入精制有机肥 100~150kg、磷酸二铵 150kg、硫酸钾 50kg；或者施入硫酸钾型复合肥含量为 48%（其中 N：P：K 分别为 13：23：12）250kg，可根据土壤肥力和实际生产情况增减肥料用量，采取底肥一次施足，满足整个生育期的营养需要。为了防治根线虫病、蝼蛄等地下害虫和鼠害，每公顷可用 5% 特丁硫磷颗粒剂或 3% 辛硫磷颗粒剂 10kg 与所应用肥料搅拌均匀后施入土壤。

三、单作

包括单种、轮作和复种。红小豆对土壤要求不严，可在生产条件较差的荒沙、丘陵坡地单种或作为填闲作物种植。在生产条件较好的地区，红小豆多与禾谷类作物轮作，或在麦类及其他作物生长间隙种植，实行一地多熟，提高复种指数。目前常用的种植方式主要有红小豆—玉米、红小豆—小麦、红小豆—谷子、红小豆—水稻、红小豆—油菜、红小豆—西瓜等。

四、间作套种

红小豆播种适期长，植株较矮小，固氮养地，可与许多高秆及前期生长较慢的作物间作套种。在我国北方地区，常用的种植方式是红小豆与玉米、高粱和谷子等作物以1:2、2:2、2:4等形式套种或混种；在我国南方地区，红小豆可以与甘蔗、甘薯、果树、蔬菜等作物间作或套种。

五、适时播种与合理密植

红小豆是喜温作物，发芽的最低温度为 8℃，最适发芽温度为 14~18℃，因此播种不能过早，田间播种地温应稳定在 15℃ 以上，适宜播期为 5 月下旬至 6 月上旬。垄作栽培，垄距 65cm、株距 10~15cm。播种量 45~60kg/hm²，垄上条播，播深 3~4cm，播后及时镇压。

六、苗期管理

苗期要结合除草进行间苗，保证幼苗健壮生长。以 2~4 片真叶时间苗为宜，留苗过密易造成田间郁蔽，使红小豆花期延长、成熟期拖后。要根据地力状况选择适当株距，有利通风，一般每公顷保苗 15 万~18 万株为宜，拔除病苗、弱苗，留壮苗、大苗。定苗后要喷施促花王 3 号，可强苗势，抑疯长，促早开花结荚。在初花期前要喷施菜果壮蒂灵，每 10~15d 喷 1 次，连喷 3 次，可壮花强荚，改善营养输送供给，增强籽粒饱满度。

七、中耕除草

红小豆对温度反应比较敏感，为防止低温伤苗，在出苗前 3~5d，采用铲前趟一犁来提高地温，做到三铲三趟，严防铲趟脱节和偏墒压苗。也可选用虎威、盖草能、拿捕净、精稳杀得等除草剂杀灭杂草。在红小豆开花期全面细致地拔 1 次大草，避免杂草与红小豆争夺水肥，影响结实率。

八、加强田间管理

（一）间苗、定苗及中耕苗出齐后及时间苗

第一复叶期定苗。要留壮苗、大苗，拔掉弱苗。出苗后结合间苗第一次铲趟，要深趟少放土，防止压苗，有利于提高地温。第一次铲趟后 10d 左右进行第二次中耕。开花前结合除草进行起垄培土。后期拔 1 次大草。

（二）喷施叶面肥

在红小豆初花期，每公顷应用磷酸二氢钾 3kg 与强力多维生根壮苗剂 24 小袋（每小袋 25g）与高能肽 24 小袋（每小袋 6g），兑水混匀后进行叶面喷雾，药液重量在 500kg 左右，可起到促进红小豆花芽分化，提高结实率的效果。在红小豆末花期，根据红小豆长势喷施植物营养调节剂，促进红小豆植株生长，提高产量和商品质量。

（三）化学除草

应用化学除草技术，省工省力，可选用精稳杀得、精禾草克、虎威、盖草能、拿捕净、精喹禾灵等除草剂杀灭杂草，具体用法根据使用说明和当地应用实践进行。

第二节 病虫害绿色防控

一、农业防治

以加强红小豆的栽培与管理为主要手段，通过采取科学的栽培方法，促进红小豆健康生长，增强抗病能力，减少病虫害的发生率。在红小豆种植中，应选择抗病性强、高产优质的品种，在播种前对种子进行消毒处理，杀灭附着在种子上的病菌。选择种植地时以地势平坦、土质肥沃、排灌水条件良好为主要条件。要避免出现连作、重茬种植，以减轻土壤中有毒物质的累积。播种时要保持合理的密度，使田间的通风与光照条件良好。干旱天气应适当灌水，而田间积水过多时应及时排水。施肥应科学合理，根据生长的不同时期进行追肥，追肥应以氮肥磷肥和钾肥配合施用，保证合理的施肥时机与施肥量。

二、生物防治

生物防治技术利用生物链相互克制的特点，可以在保证环境不被污染的前提下达到防治病虫害的目的。生物防治以培养和利用害虫的天敌为主要防治手段，人工饲养大量的瓢虫在蚜虫多的田间释放，可以大量捕食蚜虫，以控制蚜虫的数量，以减少蚜虫的为害，保护红小豆健康生长。

三、物理防治

充分发挥物理防治的作用可有效控制害虫的数量，减少害虫带来的威胁。利用此项技术，可以减少化学药剂的使用量，最高可减少65%以上。此项技术是利用害虫趋光性、趋黄性等习性，利用黑光灯、黄粘板、糖醋液等材料，对害虫的成虫与幼虫进行诱杀，可以防止害虫大面积繁殖与扩散。例如，可以制作糖醋液引诱引诱红蜘蛛，并且采用脉冲电将其杀死。

四、化学防治

防治红小豆病虫害经常用到的化学药剂有甲基硫菌灵可湿性粉剂、粉锈宁、硫黄悬浮剂、多菌灵可湿性粉剂等，可采取药剂拌种，杀灭种子携带的病毒，也可以采取兑水制成药液进行喷施的方法，同样可以达到良好的效果。药剂喷施可以每半个月用药一次，连续喷施2~3次即可。

第三节　适时收获

红小豆成熟期不一致，往往基部荚果已呈黑色，而上部的荚果还呈青色或尚在灌浆。收获适期应掌握在田间大多数植株上有2/3的荚果变黄时，过晚易裂荚。采收最好在早晨或傍晚进行，严防在烈日下作业，避免机械性炸荚，降低田间损失率，做到颗粒归仓。收割后在田间晾晒3~4d，豆荚全部变黄白色，籽粒达到固定形状与颜色，水分18%左右时运回晒场用磙子压或用脱粒机立即脱粒，不要堆成大堆，以免长时间存放发生霉变，影响色泽和质量，造成经济损失。

第十二章　芸豆高产高效栽培技术

芸豆学名菜豆（俗称二季豆或四季豆），豆科菜豆属，原产于墨西哥和美洲，从 17 世纪开始传播到世界各地，别名叫多花菜豆、大花芸豆。芸豆营养丰富，蛋白质含量高，既是蔬菜又是粮食，是出口创汇的重要农副产品。

第一节　栽培技术

一、芸豆的形态特征

大白芸豆是一年生草本植物，属豆科芸豆属。根系发达，入土深，比较耐旱。茎蔓生，长势旺，分枝力强，茎长 4m 以上。叶绿色，互生三出复叶，心脏形，子叶不出土。花为蝶形花，总状花序，种子肾脏形，千粒重 800~1 500g。

二、芸豆的类型

芸豆的类型有两种，即大白芸豆和大黑芸豆。开白花的籽实为白粒，叫大白芸豆；开红花的籽实多为紫底黑色大斑块或斑纹，叫大黑芸豆或大花芸豆。

三、芸豆的种植条件

（一）温度

芸豆比较耐冷，忌高温，在气温低于5℃时才受冻，遇霜冻地上部分死亡。生长发育要求无霜期120d以上，最适宜的发芽温度为20~25℃，适宜生长的温度18~20℃，高于30℃或低于15℃授粉结实困难。

（二）光照

属异花授粉、短日照作物，喜欢充足阳光。日照时间越短，阳光充足，芸豆开花、结荚、成熟时间越提前。反之，日照延长，阳光不足，芸豆开花、结荚、成熟时间延长，枝叶徒长，甚至不能开花结荚。

（三）水分

在全生育期内，芸豆要求比较充足而均匀的水分，开花结荚期是需水最多的时期，也就是需水临界期。此时若缺水，对产量影响较大。

四、芸豆栽培时间

芸豆适宜播期较长，当土壤5cm深处地温稳定通过

12℃时即可进行春播；夏播在前茬作物收获后及时抢墒灭茬、播种。穴播、条播均可。芸豆种植密度宜稀不宜密，过密倒伏严重，且结荚率低。一般播量为小粒芸豆 30～45kg/hm²，中、大粒芸豆 60～75kg/hm²。播前施用种肥的，注意种、肥隔离，一般种肥要施在种下 4～5cm 处，切忌种肥同位，以免烧种；每穴播 3～4 粒种子，播深 4～5cm，最后覆土。

五、芸豆栽培的茬口安排

虽然芸豆较耐瘠耐旱，但是为了高产高效，应选有机质含量高、土质疏松的平川或平岗地，以土壤 pH 值 6.0～7.5 为好，忌选低洼易涝地。芸豆忌重茬、迎茬，严禁在豆科作物茬口上种植，前茬以小麦、玉米、马铃薯、亚麻等茬口为宜。芸豆子叶出土时，幼芽顶土能力弱，需精细整地，最好伏秋深松、平翻地。有深翻、深松基础的地块，可进行秋耙茬（捡净残茬），耙深 12～15cm，耙平耙细，然后起垄镇压，达到待播状态；没有深翻、深松基础的地要先进行深翻或深松，深翻深度 15～18cm，深松深度 25～30cm，然后整地至待播状态。

六、精细整地

种植芸豆的田块要提前翻耕，晒垡以利提高地力。首先选择土层深厚、肥力中等、地下水位低、排水良好、通风向阳、有机质含量相对较高的酸性或微酸性土壤种植。

施足底肥，整地前每亩撒施农家肥 1 500~2 000kg，播种前每亩用 25kg 复合肥作种肥，但切忌磷钾肥与种子接触。种植田块应保持深耕碎垄，开沟、打塘、播种应在当天抢时种植，以减少水分蒸发流失。

七、芸豆播前种子处理

选择熟期适宜，高产、优质、抗逆强的优良芸豆为主栽品种。品种选定后进行种子精选，可机械选种或人工粒选，选择籽粒饱满、有光泽的种子，剔除病斑粒、破碎粒、杂粒。对精选好的种子进行处理，要催芽人工播种的可于播前 2~3d 用 1% 福尔马林溶液浸种 20min，再用清水冲净，以杀灭种子表面的炭疽病病菌，用温水（40℃）浸种 3~4h 后，在 25~28℃ 温度下催芽 24h，胚根顶破种皮（即吐白）即可，放在阴凉处待播。机械播种的可于播前 1~2d 用占种子重量 5% 的 50% 多菌灵可湿性粉剂拌种，以防根腐病。

八、适时播种

大白芸豆不宜重茬，采取与玉米或马铃薯隔年种植。芸豆最佳播种期为 4 月 20 日至 5 月 5 日，也就是谷雨至立夏。应利用潮地种植，深塘深播，以便保持土壤水分，保证一次性全苗，播种深度在 10~15cm，盖土约 6cm。

九、芸豆施肥

芸豆施肥以分层施肥为宜，重施磷钾肥，少施氮肥。

（一）基肥

每公顷施腐熟优质农家肥 15 000~3 000kg，结合整地一次性施入。

（二）种肥

每公顷施磷酸二铵 67.5~75.0kg、尿素 37.5~45.0kg，硫酸钾 37.5~40.5kg。

（三）追肥

在芸豆始花期或结荚期进行叶面肥喷施 1~2 次，每公顷用磷酸二氢钾 1.5kg，兑水 450kg 进行叶面喷施。

十、芸豆田间管理

（一）间苗、定苗

芸豆出苗后应及时间苗、定苗，间苗应在幼苗出现 3~4 片真叶时进行，一般每穴留苗 1~2 株。

（二）中耕除草

芸豆在整个生育期间要进行 2~3 次中耕除草。幼苗期进行中耕除草，既可以防止土壤水分蒸发，又可以防止杂草与幼苗争肥、争光。中耕除草一定要在芸豆开花前结束，这样避免损伤花荚。

（三）浇水

结合施肥进行浇水，一般在苗期、开花期各浇 1 次水。

（四）合理密植

芸豆垄作栽培，因其喜湿而怕涝，垄作栽培能提高地温，利于排水排湿，保持土壤通透性。净种芸豆以行距 2.0~2.5 尺（1 尺≈33.33cm）起垄，塘距 2 000~2 500 塘，亩用种 5~6kg，每塘播 3~4 粒。上等田每亩 1 500 塘，种植规格为 90cm×50cm，中下等田每亩 1 600~1 800 塘，种植规格 90cm×40cm。亩播种量一般为 8~10kg，净种一般为单行打塘播种。合理密植应把握肥地稀播、瘦地密植的原则。肥地利用地力，以植株优势实现高产，瘦地利用群体的优势增加产量。

（五）芸豆生长期间适时浇水

芸豆喜中度湿润的土壤条件，不耐旱也不耐涝。生长期间适宜的土壤湿度为田间最大持水量的 60%~70%，空气相对湿度为 80%。幼苗期、抽蔓期应以扎根、坐花为主，为防止茎蔓徒长，宜少浇水、勤中耕。开花期对土壤水分反应最为敏感，开花期土壤干旱时，落花率高，导致低产质劣。因此，芸豆除在定苗后轻浇 1 次水外，直到第一层果荚坐牢这一段时间，应不再浇水，中耕 2~3 次。开花结荚时，结合追肥再浇 1 次水，此后保持土壤见干见湿，即"干花湿菜"，以增加荚果产量和质量。

第二节　病虫害绿色防控

一、病害

1. 锈病

农业防治：实行 2~3 年的轮作。控制湿度，春菜豆宜早播，必要时用育苗移栽避病；温室内采用地膜覆盖，控制浇水，增加通风，降低棚内空气湿度。合理密植，改善通风条件。加强田间管理。及时清洁田园，掩埋或烧毁病株、病叶，减少病源。

药剂防治：发病初期用粉锈宁 25% 可湿性粉剂 2 000 倍液；代森锰锌 70% 可湿性粉剂 1 000 倍液加三唑酮 35% 可湿性粉剂 2 000 倍液；多菌灵 50% 可湿性粉剂 800 倍液，每 5~7d 喷 1 次，连续喷 2~3 次。

2. 菌核病

农业防治：实行 2~3 年的轮作。覆盖地膜，合理施肥，利用地膜阻挡子囊盘出土。避免偏施氮肥，增施磷、钾肥，增强植株抵抗力。

药剂防治：发病初期用 50% 速克灵可湿性粉剂 1 000~2 000 倍液；40% 菌核净可湿性粉剂 1 000~1 500 倍液；50% 扑海因可湿性粉剂 1 000~1 500 倍液重点喷淋花器和老叶，每 10~15d 1 次，连续防治 3~4 次。此外，还可用 40% 五氯硝基苯每亩 0.7kg，混细土 15kg，均匀撒于行间。

3. 白粉病

选育和选用抗耐病高产良种。结合防锈病及早喷药预防控。本病同锈病一样，以植株开花结荚后、生长中后期渐趋严重，并由下而上逐渐往上发展，对锈病菌有效的药剂亦可兼治白粉菌，故抓好锈病的防治也可兼治本病，一般无须单独防治。

4. 细菌性疫病

农业防治：浸种，选无病种子用 45℃ 温水浸种 15min；或用 50% 福美双可湿性粉剂或 95% 敌克松原粉，用种子量 0.3% 的用药量拌种；或硫酸链霉素 5 000 倍液浸种，2～24h，洗净后播种。轮作，与非豆科作物进行 3 年以上的轮作。加强栽培管理，施足基肥，增施磷钾肥，精细平整土地，防止局部积水。发病初期摘除病叶，打去下部老叶，增强田间通透性。

药剂防治：发病初期用络氨铜 14% 可湿性粉剂 300 倍液、53.8% 可杀得干悬剂 1 000 倍液、琥胶肥酸铜（天 T）50% 湿性粉剂 800 倍液、可杀得 77% 可湿性粉剂 500 倍液、或 72% 农用链霉素 4 000 倍液、新植霉素 4 000 倍液、47% 加瑞农可湿性粉剂 1 000 倍液，每隔 7～10d 喷 1 次，连续防治 2～3 次。以上药剂可轮流使用。

二、虫害

主要是豆荚螟幼虫为害豆叶、花及豆荚，常卷叶为害或蛀入荚内取食幼嫩的种粒，荚内及蛀孔外堆积粪粒，受害豆荚味苦，不能食用。

农业防治：加强田间管理，及时清除田间落花、落荚，并摘除被害的卷叶和豆荚，以减少虫源。

药剂防治：采用增效氰·马 21%乳油 6 000 倍液；氰戊菊酯 40%乳油 6 000 倍液；溴氰菊酯 2.5%乳油 3 000 倍液，从现蕾开始，每隔 10d 喷蕾、花 1 次。

第三节　适时收获

适时收获、颗粒归仓是保证芸豆丰产丰收的重要环节之一。芸豆（特别是蔓生芸豆）的豆荚成熟期历时较长成熟早晚不一致，收获过早，影响籽粒饱满度；收获过晚又因炸荚或阴雨天而损失产量。一般当 80%的豆荚由绿变黄，籽粒变为固有形状和颜色，籽粒含水量为 40%左右时，就应开始收获。每天 10 时前或 16 时后进行采收，以防炸荚造成损失。采收时可连秧拔起，堆放在干燥处风干后脱粒。一般芸豆收获质量标准：水分 14%以下，杂质 0.5%以下，异色粒不超过 1%，不完善粒 3%以下。

第十三章　豌豆高产高效栽培技术

豌豆原产地中海和中亚细亚地区，现在是世界重要的栽培作物之一。因其适应性很强，在全世界分布很广。豌豆在我国已有 2 000 多年的栽培历史，一年四季均可种植。

第一节　栽培技术

一、豌豆的种植条件

（一）温度

豌豆为半耐寒性作物，喜温和湿润的气候，不耐燥热。圆粒种豌豆的耐寒力强于皱粒种，种子发芽的起始温度较低，圆粒种为 1~2℃，皱粒种为 3~5℃，但低温下种子发芽迟缓。

幼苗耐寒力较强，苗期适宜温度为 15~20℃；开花的最低温度为 8~12℃；开花结荚的最适宜温度为 15~18℃；荚果成熟阶段适温 18~20℃，高温干旱时荚果过早老熟，产量和品格下降。

（二）光照

豌豆多数品种为长日照作物，从北方往南方引种时，应引早中熟品种，切不可引晚熟品种，而南方品种引到北方栽培时则能提早开花结果。

（三）水分

豌豆是喜温作物，其抗旱性不如菜豆、豇豆等其他蔬菜，生育期内空气湿度75%左右，泥土相对含水量70%左右，植株生长苗壮良好。豌豆不耐雨涝，生育期内阴雨绵延，易发多种病害。豌豆幼苗本身能耐一定的干旱。开花结荚期需水较多，空气相对湿度以60%~80%为宜，过高或过低都会严重影响开花结荚。

（四）土壤

豌豆对土壤的适应性较广，对土质要求不高，以保水力强、通气性好并富含腐殖质的沙壤土和壤土最适宜。最适泥土pH值为6.0~7.2。对于酸性过大的泥土，栽培上可在泥土中酌量施入石灰进行改良。

（五）养分

豌豆对磷、钾肥的需求量较大。在花后15~16d达到磷需求顶峰期，磷不足时，植株矮小，叶小无光泽，花少，钾有壮秆、抗倒伏的作用，在花后31~33d，达到需钾顶峰。对微量元素硼和钼较为敏感，可用0.3%~0.5%硼砂或0.01%~0.05%钼酸铵喷施以补不足。

二、豌豆的品种选择

目前生产上运用的豌豆品种十分丰盛，有早熟的、晚熟的，有鲜食的或加工用的，豌豆品种以嫩梢、嫩荚、嫩籽粒和干籽粒采收合为一体较为理想，但通常很难兼顾，以下是常见豌豆品种的介绍。

（一）甜脆

植株矮生，株高约 40cm，茎直立，1~2 个分枝。斑白色，单株结荚 10~12 个，荚圆棍形，荚长 7~8cm，直径 1.2cm，单荚重 6~7g。嫩荚淡绿色，质地脆嫩，味道甜蜜，每荚有种子 6~7 粒，成熟时千粒重 200g 左右，早熟，播后 70d 左右开端收嫩荚，适于华北、东北、华东、西南地区种植。

（二）草原 31

植株蔓生，株高 1.4~1.5m，分枝少。斑白色，单株结荚 10 个左右，荚长 14cm，宽 3cm，每荚有种子 4~5 粒，成熟时千粒重 250~270g，对日照反应不敏感，全国大部分地区均可栽培。适应性强，较抗根腐病、褐斑病。

（三）京引 8625

植株矮生，株高 60~70cm，1~3 个分枝。荚圆柱形，荚长约 6cm，宽 1.2cm，嫩荚肉厚，质地脆嫩，品质极佳，每荚有种子 5~6 粒，成熟时种子绿色，千粒重 200g 左右，适应性强，采收期长。

（四）灰豌豆

植株矮生，茎直立，中空。种子圆形，灰绿色，外表略粗糙，上有褐色花斑，千粒重 140g 左右。20~25℃ 下播后 2d 可出苗，幼苗长势强，10d 后可长到约 15cm。叶嫩质脆，品质极佳，对温度适应性广，低温、高温均可栽培。本品种适宜进行豌豆苗的集约化生产。

（五）中豌 8 号

株高约 50cm，茎叶淡绿色，斑白色，硬荚，花期集中。籽粒黄白色，种皮光滑，圆球形。单株结荚 7~11 个，荚长 6~8cm，宽 1.2cm，厚 1cm，每荚有种子 5~7 粒，干豌豆千粒重 180g 左右，鲜青豆千粒重 350g 左右，青豆出粒率 47% 左右，早熟，亩产青荚 400~500kg，抗干旱，抗寒性强。适于华北、东北、西北地区种植。可作青豌豆、芽菜，也可粮用或饲用。

三、豌豆的播种方法

（一）选种催芽

播种前用 40% 盐水选种，除去上浮不充实的或遭虫害的种子。播种前将种子催芽，当种子露芽时，将种子故在 0~2℃ 的低温中处理 15d 后再播种。

（二）根瘤菌拌种

豌豆用根瘤菌拌种，是增产的有效措施。用根瘤菌拌种后，根瘤增加，茎叶生长旺盛，结荚多，产量高。拌种方法为每亩用根瘤菌 10~19g，加水少许与种子拌匀后便可播种。

（三）适时播种

大田播种前施入充分腐热的厩肥、堆肥和一定量的磷、钾肥，尤其是施磷肥增产效果明显，豌豆采用点播，行距10~20cm，行内株间距5cm，每穴播2~6粒种子，土壤湿润时覆土5~6cm。土壤干燥时覆土稍厚些。每亩用种10~15kg。

四、合理密植

中豌4号、6号属于矮生性品种，株高40~50cm，宜适当密植。春、夏、秋播行距为35cm，穴距10cm，每穴3粒，每亩用种量10kg左右。冬播行距40cm，穴距15cm，每穴3粒，每亩用种量7kg左右。

五、松土施肥

播种后要浅松土数次，以提高地温促进根生长、苗健壮。秋播栽培时，越冬前进行一次培土，越冬保温防冻，开春后及时松土除草，提高地温。

豌豆开花前，浇小水追速效性氮肥，加速植株生长，促进分枝，随后松土保墒。茎部开始坐荚时，浇水量稍加大，并追磷、钾肥。结荚盛期土壤要经常保持润湿，保证果荚发育所需水分。结荚后期，豆秧封垄，减少浇水。

蔓生种植株高30cm时，开始支架。豌豆分批采收，每采收1次追1次肥。

六、补漏追肥

出苗后及时查苗补缺，中耕除草1~2次。重施苗期追肥，尤其是未施或少施基肥的田块，一般每亩追施复合肥

5~7.5kg 或尿素 5kg。

高秆品种在春季气温回升后、植株开始伸长时，将带梢小竹竿或带分枝的树枝（去叶片）插在行间，以便豆株攀缘生长。豌豆不耐水渍，春季要注意清沟排水。

开花结荚时所需养分多，每亩施尿素 7.5kg、三元复合肥 5kg。鼓粒期喷施 1%尿素和 0.3%磷酸二氢钾 2 次。

七、及时应用保护设施

（一）防冻措施

中豌 4 号、6 号在苗期抗冻能力较强，但开花后抗冻能力急剧下降，并且豆荚在长粒充实阶段需要有一定的温度，因此，冬季大棚栽培豌豆要及时扣盖好塑料薄膜，做好防寒保温工作，在短期强寒流来临之前，应临时突击性加盖防寒材料，使幼嫩的青豆荚免遭冻害。

（二）遮阳降温措施

夏季栽培由于气温高，生长快，生育期短，豆荚小而少，因此，适时加盖遮阳网，有效地减少太阳光的直射，可降低气温和地温，增加土壤湿度，促进植株个体的生长，增加产量。

八、看苗巧用化控技术

中豌系列豌豆出苗后长到 7~8 节（有 7 片羽状复叶）的时候就开花，进入营养生长和生殖生长并进的阶段，这时如营养生长过旺，则容易落花落荚，特别是薄膜温室大棚栽培的豌豆更容易徒长，只长蔓不结荚。因此，在7~8片复叶时，温室大棚栽培豌豆要适当控制水肥，降低棚温，以利于营养生长向生殖生长转化，保证光合产物在营养生长和生殖生长之间的合理分配，促进开花结荚。有徒长趋势的豌豆，用15%的多效唑1∶1 000倍液及时喷雾控制。

第二节　病虫害绿色防控

一、农业防控

选择抗病性强的品种，引种外地抗病性强的品种或以经过试验验证抗病性强的品种。实行轮作种植制度。豌豆本身忌连作，原因在于其根系分泌物会对翌年种植作物的根瘤活动造成影响，因此应当实行与非豆科作物或禾本科粮食作物进行轮作。适当延迟播期避开秋末雨水，或起垄栽培可有效降低根腐病的发生。另外设施栽培能改善田间小气候，可有效推迟或减少白粉病的发生。因地因品种制宜，合理密植。选地与种植方式。避免在低湿地段种植，以此来避免病毒因环境适宜而不断暴发。应采用高畦或者起垄栽培的方式。加强田间管理。在施肥的时候应合理分配氮、磷、钾肥的结合使用，其中重磷、钾，同时补充土壤中缺乏的其他稀有元素肥料。也可搭建牵引架进行栽培，并且定期进行人工除草清洁田园。

二、化学防控

豌豆的病害主要有根腐病、褐斑病、白粉病、褐纹病等，虫害主要有黑潜蝇、潜叶蝇等。

防治豆秆黑潜蝇应以豌豆苗期作为防治重点，可采用1.8%齐螨素乳油（阿维菌素）2 000倍液或50%辛硫磷乳油1 000倍液或2.5%安杀宝乳油1 000倍液或48%乐斯本乳油1 000倍液灌根或喷雾防治。开花结荚期重点预防根腐病和白粉病，预防根腐病可采用95%绿亨1号可湿性粉剂3 000倍液或80%绿亨2号可湿性粉剂600倍液或20%噻菌铜悬浮剂500倍液灌根，防治白粉病应在豌豆第一次开花或发病始期喷洒25%叶斑清乳油4 000倍液或50%多·硫悬浮剂600倍液或15%三唑酮可湿性粉剂1 500~2 000倍液或10%世高水悬浮剂2 000~3 000倍液。每亩施75L药液，隔7~10d 1次，连续防治3~4次，若在成株期混发豆秆黑潜蝇和白粉病，可喷洒1.8%齐螨素乳油（阿维菌素）2 000倍液加25%叶斑清乳油4 000倍液。上述药剂注意轮用与混用。

第三节　适时收获

根据食用方式决定收获时间。一般粒用豌豆于开花后15~18d 籽粒饱满时采收，干豌豆于70%~80%豆荚枯黄时收获，菜豌豆在开花后12~14d 嫩荚现籽不现粒时采收，豌豆苗在播后30d 左右苗高18cm 时采顶端嫩梢，作饲料的在盛花期收获，作绿肥的在收荚果后及时翻压。

第十四章　籽粒苋高产高效栽培技术

籽粒苋是饲料与蔬菜兼用型作物，具有适应能力强、再生能力强、生长周期快、适口性好、营养丰富等优点，是饲喂反刍动物、猪、禽、鱼等的优食饲料，可以替代玉米等精饲料使用，达到良好的饲喂效果。籽粒苋作为饲料使用可以鲜喂、青贮，还可以调制成优质的草粒使用，属于优质的蛋白质补充饲料。

第一节　栽培技术

一、种植时间

籽粒苋性喜温暖，播种时间相对来说比较灵活，只要温度适宜，春、夏、秋季均可播种。北方地区春播在4月上旬到5月下旬，夏播可在6月上中旬，南方3—10月均可播种。

二、选茬整地

籽粒苋的种子非常小，粒径不到1mm。为使其顺利地发芽出苗，要创造出具有"硬床软被"的种子床。这就要选好茬和整好地，最好的前茬是具有秋翻（松）基础的豆茬、麦茬、马铃薯茬或玉米茬，以及排水良好、土地干净和比较肥沃的前茬。伏秋翻耙经过整好的土地，翌春播种。整地的具体要求是：种植土地平整、土壤细碎，便于机械操作。

三、品种选择

籽粒苋的种植要加强品种的选择工作，要根据不同季节、当地的种植条件、土壤条件、种植目的等来选择不同的品种，重点要选择适应性强、产量高、抗病虫害能力强的品种，有的地区还需要选择早熟耐寒的品种，目前主要的种植品种有红苋菜、白米苋、柳叶苋等。

四、适时播种

籽粒苋在南方，播种期长，从3月下旬到8月可随时播。北方春播宜在4月中旬至5月上旬播种，不得迟于6月；夏播播种在6—7月播种，不得迟于8月。南方地区有采用催芽后播种的，但花芽多，不易普遍采收。播种量每亩300~400g。播种方式通常为条播或撒播，条播一般行距30~40cm，株距10cm。留种和作青贮的适当加宽，为了使种子分布均匀，可与腐熟的有机肥料或沙土拌在一起播种。覆土1~2cm，有些地方不覆土，只撒一层草木灰，上面盖一层稻草，能减少水分蒸发，便于浇水，同时避免下雨时冲掉种子。北方地区播后要立即镇压；大面播种的用镇压器，反复镇压 2~3 遍，以便于保墒和防风。南方有的地方还采用育苗移栽，但较费工，大面积栽培时不宜采用。

五、覆膜栽培

一般是采取先播后覆，即播种后马上覆膜或边播种边覆膜。其优点是工序少，覆膜到放苗前，膜面上无孔，采光面大，有利于增温保水，播深一致，出苗整齐，播种时见湿土，没有种子落干现象。缺点是用工比较集中，小苗顶膜出土时，需连续 2~3d 放完苗，放苗过晚容易烫苗。籽粒苋覆膜栽培的技术要求是：整地细，膜铺紧，边压严，采光面宽。

六、及时间苗

当苗高 8~10cm 时，即 2 叶期要进行间苗；15~20cm 时，即 4 叶期进行定苗。苗保留株数 5 000~10 000 株，过稀易造成分枝过多、头重脚轻易倒伏。过密植株生长不良，影响产量。对于青饲料地，苗保留 2 万株或更高。

七、苗期养护

籽粒苋在幼苗时期生长缓慢，容易遭到杂草的侵害。因此要特别注意及时除草，避免杂草吸取过多的养分。只要顺利度过苗期，籽粒苋的生长速度就会加快，迅速分枝。

八、灌溉排水

籽粒苋耐旱不耐涝，苗期如遇干旱，可适当沿沟喷灌水，以保住苗，以后一般不需灌溉。如要进行高产栽培也要适当增加灌水次数。籽粒苋地一定要排水良好，以地下水位不高于2.5m为宜，雨后要及时排水，以防止土壤长时间渍水沤根，影响生长发育。

九、雨后追肥

籽粒苋是净光合效率较高的作物，它的一生中，鲜、干物重量增长很快。为了保持土壤肥力并保证大量鲜干草和籽实产量，除亩施2 000 kg农家肥和10~20kg的磷肥作底肥外，还需在生育旺期追施化肥和饼肥，亩施尿素10~12.5kg或磷酸二铵10kg，在有饼肥的地方，亩可施腐熟棉籽饼肥25~30kg，以保证籽粒苋对养分元素的需要。

十、培土

籽粒苋植株高大，当株高1.0~1.5m时，植株体高大，头重脚轻，而使植株倾倒，可结合中耕培土，并结合雨季挖沟排水。一般可视根茎处有无烂根现象，来决定是否适宜培土及培土的高度。

十一、籽粒苋的种植技术

（一）直播法

籽粒苋可以选择春播，也可以夏播，要求地温达到14℃时即可播种，一般黑龙江地区的播种时间选择在5月中下旬，如果是采用温床育苗或者是地膜覆盖技术，可以提前播种。在播种前需要精细整地，以疏松土地，增加土壤的通透性，同时还要施足底肥。一般选择条播。因籽粒苋的种子较小，发芽出苗困难，因此在播种时不宜太深，一般在1~2cm即可。采用条播的方式，每亩保苗2万株左右。

（二）育苗移栽法

因籽粒苋种子较小，直播存在一定的困难，并且不易保苗，因此最好采用育苗移栽的方法种植，这样既可以克服以上缺点，还可以促进籽粒苋生长发育、节约种子量，还可以提高产量。采用育苗移栽法要比直播法提前半个月左右进行，即在5月上旬开始温床育苗，当苗长至15cm高时即可以移栽。使用这种方法缓苗快、籽粒成熟高，并且产量高，生产实践证明，使用此法可直接增产20%左右，具体的栽培方法如下。

1. 选择温床

温床应设置在地势平坦、高燥、背风向阳、排水和通风良好的地方，并且要求地下水位低、距离水源要近。床坑需要在结冻前就挖好，床框可以使用砖、土坯等砌成，床坑最下层铺上厚草，上面再铺上一层发酵好的酿热物，踩平后再铺上一层营养土。最后在温床上盖上塑料布，以达到保温防寒的作用，在温床的四周还要架好风障，以防止冷空气进入床内。

2. 苗床播种

选择在无风的晴天播种，在播种前需要保持苗床上的土壤疏松、平整，并浇上适量的底水，浇透水后，在上面撒上薄薄一层营养土，这样利于种子发芽。在播种时，种量要适宜，播种也要均匀，然后再覆上一层薄土，要保持苗床有较高的温度和湿度，这样利于种子发芽出苗。

3. 苗床管理

在播种后加强苗床的管理是促进种子发芽出苗、确保苗壮的关键。要保证苗床温度、湿度适宜，良好的光照和通风。要保持苗床的温度在18℃左右，待出苗70%左右就需要通风降温，其方法是将盖在苗床上的塑料布留有一定的空隙让新鲜空气进入，对幼苗进行降温锻炼，可以使幼苗更好地适应外面的环境。苗床的湿度要根据温度的变化而变化，如果温度高时，湿度可大一些，温度低时，湿度则要小一些，并且在给苗床浇水时要选择在晴天的上午进行。

4. 移栽

在移苗的前一天晚上要给苗床浇透水，第二天即可以向种植地移栽。在栽苗前需要做好种植地的整地工作，施足底肥，并先刨好埯子，将籽粒苋苗移栽在埯子里，并培土掩实。

5. 田间管理

当移栽的苗长到 8~10cm 时，要做好查苗、补苗、间苗、定苗的工作，以确保苗全、苗壮。籽粒苋高大，易发生倒伏，因此要做好抗倒伏的工作，当籽粒苋长到 1~1.5 m 时，就需要进行中耕高培土。为了促进籽粒苋的生长，最好将其分生的侧枝打掉，可以促进其开花结果，打下的枝丫是饲喂畜禽的优质饲料。籽粒苋的成熟期不同，有 90% 成熟时即可开始采收，要分期采收，成熟多少收获多少，避免出现掉粒浪费的现象。

第二节　病虫害绿色防控

一、病害

主要有黑斑病、褐斑病、灰斑病、炭疽病、白粉病、霜霉病、枯萎病、青枯病、茎枯病、茎腐病、软腐病、根腐病、猝倒病、根结线虫病等。

防治对策：控制病源为主，内吸性药剂防治为辅。加强田间水肥管理，施用腐熟有机肥等措施。

二、虫害

主要有小地老虎、蝼蛄、蟓虫、蝗虫、甲虫、尺蠖虫（造桥虫）、蟓、蜈蚣、蚂蚁、蜗牛等。

防治对策：通过保护害虫天敌、清理种植基地及周边环境、及时刈割籽粒苋等管理措施控制、防为主，高效、低毒、低残留生物农药防治为辅。

第三节　适时收割

青饲或青贮籽粒苋是畜禽的优良青绿多汁饲料，可根据饲养需要，在株高 40~60cm 时分期刈割饲用。做青饲料第一次刈割期应为现蕾期—开花初期，40d 后再割第二次，每次刈割留茬 30~40cm。籽粒苋富含蛋白质和碳水化合物，单贮或混贮都可获得优质青贮饲料。适宜与青贮玉米混贮。青贮宜在现蕾至开花末期刈割，全株或切碎或打浆青贮均可。

由于小穗稠密，成熟期不一致，最好按单株分期采收，或见花序中部籽粒基本成熟即可全面采收。鉴定籽粒成熟与否，以主穗中部的籽粒颜色稍有发黄、发亮，并用手搓摸有脱粒现象为准。应注意这时的茎叶尚青绿，有的仅略发红，切忌等茎叶全部枯黄时才收割，否则落粒率会增加。

第十五章 豇豆高产高效栽培技术

第一节 栽培技术

一、播种期的确定

豇豆喜温、耐热、不耐霜冻。适时播种，直接关系豇豆全苗、壮苗和早熟丰产。因此，豇豆的播种适期，应根据品种特性和当地气候条件而定。露地豇豆播种适期宜在当地断霜前7~10d 和地下 10cm 深处地温稳定在 10~12℃时进行。春播若用地膜覆盖栽培，可在这个指标下提前 5~7d 播种。早播，常因地温低、湿度大而造成烂种，或因出苗后受到晚霜为害而造成缺苗或冻死。若播种过晚，则植株生育期推迟而影响早熟丰产。秋播适时，直接关系豇豆生长苗壮和丰产丰收问题，各地宜在当地早霜来临前 110~120d 进行播种。早播温度高，植株营养生长不良，产量低；晚播，等不到嫩荚充分肥大常因气候转冷受到冻害而造成减产。

二、选用适宜品种

豇豆春、夏、秋均可栽培，生产季节较长，必须根据各季节的气候条件，选用适宜的品种，才能获得高产优质。首先，根据品种对日照长短的反应，确定不同季节的品种，对日照长短要求不严格的品种如红燕、"之28-2"等，可在春、夏、秋三季栽培；对日照要求严格的品种，如合肥十月寒，必须在秋季栽培，早播长叶不结荚。其次，根据品种对温度高低的反应，对耐寒、耐热的品种如张塘豇豆、大青条，可在春、秋两季栽培；对耐热不耐寒品种如白豇2号，宜在夏季栽培，春播温度低，根系受抑制，叶片容易黄化产生锈斑，植株生长不良，开花结荚少，易落叶早衰。此外，在播种季节上，春播宜早，秋播也宜早不宜迟，以争取有较长的适宜生长季节。

三、选地整地，施足基肥

豇豆对土壤要求不严格，但以土层深厚、肥沃、松软、排水、通气良好的沙壤土或壤土为宜。又由于它的病虫害较多，怕重茬，忌和菜豆、毛豆、蚕豆等豆科作物连作。因此，种植豆的前作以白菜、葱、蒜类蔬菜，或前2~3年没有种过同科作物的田块，最好是冬闲地，冬前进行深耕晒土、冻垡，促进土壤熟化，改善土壤的通气性，有利于植株根系发育和根瘤菌的形成。

豇豆虽有根瘤菌，能自养，但开花结荚前根瘤少，固氮能力弱，因此仍需施入适量氮肥，才能满足花芽分化、增加花数和提高结荚率的需要。同时，豇豆对磷、钾肥反应敏感，磷不足，植株生长不良，开花结荚少，抑制根瘤菌形成，降低固氮能力；钾不足，叶片发黄，使植株早衰。

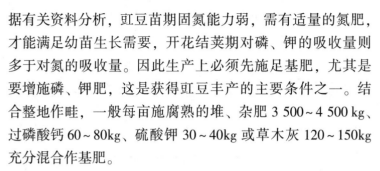

据有关资料分析，豇豆苗期固氮能力弱，需有适量的氮肥，才能满足幼苗生长需要，开花结荚期对磷、钾的吸收量则多于对氮的吸收量。因此生产上必须先施足基肥，尤其是要增施磷、钾肥，这是获得豇豆丰产的主要条件之一。结合整地作畦，一般每亩施腐熟的堆、杂肥 3 500～4 500 kg、过磷酸钙 60～80kg、硫酸钾 30～40kg 或草木灰 120～150kg 充分混合作基肥。

豇豆播种或育苗定植前要做好畦子，通常畦宽 80～90cm（沟、埂或通道除外），畦的形式可根据当地气候、土壤条件而定。

四、播种与育苗

为出苗快而整齐、健壮，播种前需要进行选种。选粒大、饱满，色泽明亮，无病虫害、无损伤和具本品种典型特征的种子。选好后晒 1～2d，在地温较低时播种，具有防止烂种、缺苗的作用。

（一）播种

豇豆一般都用干籽直播，其主根深，根瘤菌多，茎叶生长旺盛，但管理不当，易使植株徒长，开花结果少，降低产量。春豆播种时地温较低，种子吸水萌发较慢，易受地蛆为害和烂种而造成缺苗、断畦，严重影响产量。为保证苗齐苗壮，获得丰收，播前宜将种子再晒 1～2d，然后用温水进行短暂浸种，可以提早 2～3d 出苗，且能减少地蛆为害。但浸种时间不宜过长，当大多数种子吸水膨胀时即捞出，晾干表皮水分播种。如果地温低，湿度大，最好采用干籽直播，可以减少烂种缺苗。

豇豆播种应选暖和的晴天或"冷尾暖头"时进行，这样有利于发芽出苗。地温低，湿度大或播种后浇"蒙头水"、土壤板结、通气不良等都是造成烂种的主要原因，必须引起重视。若土壤干燥，宜在开沟后播种前浇水润沟，待沟底水分下渗后播种。每畦播种或定植两行，行距 40～50cm，穴距 20～25cm，每穴播种 4～5 粒，播种深度 3～4cm，上面覆土厚 2～3cm，每亩用种量 2～2.5kg。如果采用地膜覆盖栽培，可提前 5～7d 播种。

（二）育苗

春豆播种后，常因地温低、湿度大而造成烂种、死苗。为避免这个问题发生，可采用保护地（温室、温床、冷床及各种塑料棚）育苗，以后移栽。

菜农认为，"直播豆发蔓不发子，育苗豇豆发子不发蔓"。豇豆育苗经过移栽可抑制其营养生长，促进开花结荚，一般比直播要提早 7～10d 采收，且能延长收获期，增加产量，但育苗比直播要早播 10～15d。由于豆根系容易木栓化，不耐移栽，宜采用纸筒或营养土块等保护根系的方法育苗。其营养土可用肥沃、疏松、熟化、无病虫害的菜园土，也可用腐熟的堆、脲肥 5 份，肥沃的菜园土 4 份，过磷酸钙和草木灰各 0.5 份充分混合拌匀后即可。纸筒或土块大小，以其见方和高度均为 10cm 为宜。每筒或每块播 4～5 粒种子，播后上盖营养土厚 2～3cm。出苗前不揭薄膜或玻璃，齐苗后至移植前，棚内或床内保持 20℃ 左右，最高不超过25℃，最低不低于15℃。经常保持湿润，避免过湿引起徒长。豇豆幼苗对低温干燥的北风很敏感，受寒风侵袭，幼叶及生长点易受伤，生长缓慢。因此有3级以上北风时不要揭薄膜或玻璃，平时要注意通风换气。这样才能使幼苗生长苗壮，定植后生长旺盛。同时要防止通风降温过猛，避免幼叶脱水干枯和失绿发白。

豇豆苗龄以20d左右为宜，以第一对基生真叶至第一片复叶展开时为定植适期，行株（穴）距与直播相同。由于豇豆幼苗不耐低温，应选温暖的晴天开穴定植。定植时选胚轴短粗和没有感染病害的壮苗。定植深度以把纸筒或营养土块埋没土中为宜。过深土温低，缓苗慢。如果土壤干燥，可在定植后浇少量定植水，以利纸筒或营养土块和土壤密接，促使早发棵、旺发棵。

第二节　病虫害绿色防控

一、农业防治措施

采取早豇豆—晚稻、早稻—秋豇豆或其他轮作方式，既能改良土壤、促进豇豆生长发育，又能减少虫源菌源、减少农药用量。适时播种，加强苗期管理，培育壮苗，增强植株抗病虫能力；及时清除落花残荚，摘除病虫荚叶，防止病虫二次转株为害；加强通风透光，调节田间温湿度，创造良好生长环境，降低病虫害发生。

二、重点防治病虫害

幼苗期防治地下害虫、蚜虫，花期防治豇豆螟，及时防治锈病、根腐病、病毒病等。

1. 锈病

锈病是豆角主要病害之一，高温高湿时易发生，在始花至结果期最易感病。发病初期叶片下面出现褪绿黄白色斑点，斑点逐渐增多，直至密布整片叶，严重时也为害叶柄和豆荚。病株叶片枯黄脱落，植株矮小，荚少而小，生育期缩短，最后枯瘦而死。

2. 豇豆病毒病

病株初在叶片上产生黄绿相间花斑，以后浓绿色部位逐渐突起呈疣状，叶片畸形，严重病株生育缓慢，矮小，开花结荚少。防治上以早期灭蚜虫为主，特别是干旱时更应注意防治蚜虫，加强栽培管理，增强植株抗病力。

3. 豆荚螟

6—9月是为害盛期，初孵化幼虫喜蛀入嫩荚或花蕾内为害，引起落花落荚。3龄后的幼虫大多蛀入荚果内取食豆粒，严重影响食用和商品价值。防治宜早，治花不治荚。

三、科学合理用药

病害重在预防，虫害抓住幼龄防治，严格掌握施药剂量、施药次数和施药方法，不能凭经验打药，应根据虫情，选择病害发生之前或害虫初龄期施药，注意交替用药，宜选用高效、低毒、低残留化学农药。

在病虫害发生初期除了选用化学农药，也可以使用生物农药，目前推广使用的生物农药主要有 Bt 乳油、苏云金杆菌、阿维菌素、苦参碱、井冈霉素等对豇豆病虫害防治效果很好。用药以外，还可以采用防虫网阻隔、黄板诱杀等物理防治措施。

第三节　适时采收

豇豆一般在开花后 12d 左右就可采收嫩荚食用，最适采摘期为嫩荚饱满而种子痕迹未显时。

第十六章　扁豆高产高效栽培技术

扁豆，又称眉豆、刀豆。扁豆分为多种，比较常见的就是白扁豆和黑扁豆，它属于植物菜豆的种子，可食用嫩荚或成熟豆类，一般人都可以食用，其营养价值高，不仅富含蛋白质、维生素 B_1、维生素 B_2、维生素 C 等，还含有膳食纤维，对缓解便秘、促进机体排毒有很大好处，另外，还有健脾祛湿的药用价值。

第一节　栽培技术

一、选择良种

首先要选择饱满、无病斑的种子。播种前将种子放入清水中浸泡催芽，注意消毒，后期减轻病害。

二、种植方式

多行晚春直播，夏秋至早霜前陆续采收嫩荚。单作或与玉米间作，以玉米秸秆作支架，或与大蒜套作，也可种于田边地头。

1. 播种密度

短蔓早熟栽培的株距 30~45cm，行距 65~70cm；长蔓种篱架整枝栽培的株距 45cm，行距 100~130cm；"人"字架整枝栽培的作 133cm 畦，种 2 行，株距 35cm，畦间留工作路 66cm。

2. 播种方法

开沟或穴播，播深 5~7cm，播后宜以草木灰覆盖。

3. 播种量

单作 57~67.5kg/hm^2，混作 6~16.5kg/hm^2。

三、优良品种

依栽培条件选用良种。现有扁豆按荚色分为紫边扁豆、白扁豆、黑籽白扁豆和紫扁豆 4 种。我国栽培的品种主要如下。

1. 紫边扁豆

即猪耳朵扁豆，蔓生。叶深绿，叶脉、叶柄紫色，豆荚宽扁，色绿肥厚，一边缝线处呈暗紫色，荚肉脆嫩。每荚含种子 5~6 粒，成熟种子黑色，煮熟后质绵，品质好，产量高，中晚熟，耐热性强，耐寒性弱，喜水肥，生长势茂盛。

2. 白扁豆

蔓生，多分枝，生长势强。全株绿色，花白色，荚略窄长扁薄，浅绿色，荚肉较薄质嫩，种子白色，风味好。春播全生育期 160~170d。极耐干旱。

3. 黑籽白扁豆

蔓生，生长势强，茎浅绿色，节上呈紫色，叶深绿色，花紫红色，坐荚率高，荚浅绿色狭长，每荚含种子 5~6 粒，种子黑色。耐旱、耐瘠、耐热、耐寒，采收期长。

4. 紫扁豆

蔓生，分枝性强，茎暗紫色，叶片绿色，叶脉和叶柄暗紫红色，花序长，结荚多，豆荚窄长肉厚，紫红色，内含种子 3~5 粒，煮熟后软绵。晚熟、耐热、耐寒、耐旱，采收期长，产量高。

四、种植时间

扁豆的适应能力较强，在靠近南部沿海的地区，1 月中旬就可以陆续开始种植，等幼苗生长出来后就可以进行移栽。在我国南方地区，一般选择在夏季 5—7 月种植，华北地区一般是 6 月种植。

五、整地施肥

深翻土地，扁豆对土壤的要求不高，但要以疏松肥沃且透气性好的土壤为宜，确定好种植地之后，播种前一周，要及时深翻冻土晾晒，耙细泥土，并趁墒作畦，畦带沟宽为1m、沟深30~40cm，同时，按照每3.5m² 施入腐熟人畜粪肥100~120kg，结合1.2~1.5kg的饼肥、0.5kg的磷肥，使土壤肥沃。分层施肥配合翻耕效果较好，肥料应该和土壤混合，然后平铺，可提高地温，增加土壤的持水性。

六、播种定苗

种子发芽最适合的温度为22~23℃，植株能耐35℃左右高温。根系发达强大、耐旱力强，对土壤适应性广，在排水良好而肥沃的沙质土壤或壤土种植能显著增产。春季露地栽培扁豆，一般在4—6月进行播种。保护地栽培可在3月中下旬播种，扁豆一般多进行直播，采取开沟或穴播的方式，扁豆栽培株距30~45cm，行距65~70cm。与架子结合，用于扁豆叶的攀爬。长蔓绿篱的株距为45cm，行距为100cm。移栽前15~20d，当主蔓长出4~5片叶子时，要及时对枝条进行打顶修剪，有利于子蔓的生长发育。

七、培育壮苗

1. 选床施肥

选择地势高、排灌方便、保水保肥性能较好的非重茬田块作扁豆的育苗床地。在播前15~20d精心整地，并施足基肥。一般每3.5m² 施优质腐熟的人畜粪100~120kg、饼肥

1.2~1.5kg、磷肥（P_2O_5 12%）0.5kg，翻倒入土，达到无暗垡、土肥相融的要求。然后制成直径为7cm的营养钵，同时用竹片和聚乙烯无滴膜架好4m宽的中棚。

2. 苗床管理

选用苗期耐低温、生长速度快、结荚多而早，且嫩荚纤维少、质脆味美、抗逆性强的优良品种，如上海白扁豆、红筋扁豆等。选晴好天气播种育苗，播种后在中棚中架小拱棚覆盖，保持小拱棚内温度在25℃左右。若超过此温，要注意通风调节棚温，防止高温烧苗，或形成高脚苗；当室外温度降至6℃以下时，在小拱棚上覆盖草帘保温，草帘日揭夜盖，防止低温形成老僵苗。在移栽前15~20d进行搬钵蹲苗，当主蔓长出4~5片真叶时，要适时打顶整枝，促进子蔓的生长，一般每株保留3~4个健壮子蔓。

八、加强田间管理

（一）水肥管理

扁豆是一个耐旱性强的品种。苗期需水量较少，生长期和结荚期需水量较多。一般来说，扁豆在第一个开花期和结荚期开始之前不应该浇水或肥育。

一般需要在延长浇水期内浇水1~2次，每10d浇一次水。

浇水后要及时犁地除草，同时与追肥结合。移栽20d后，亩用尿素5kg（或大粪水）和复合肥10kg兑水浇施。

采扁豆前浇 1~2 次肥，扁豆进入采收期后，每隔 15d 左右追肥 1 次，亩用尿素 5~10kg（或大粪水）和复合肥 10~30kg 兑水浇施。根据扁豆植株长势情况，适时浇水。

在地膜覆盖条件下，定荚前施用一些农用化肥，如鸡粪等。

定荚时，可用少量化肥防止落花、落荚或过度生长，开花前少施肥，开花后多施肥。因为土壤比较肥沃，容易滋生杂草，要定期除草，以免一些肥料养分被杂草吸收。扁豆不耐涝，雨季时要注意排水，干旱时勤浇水。

（二）温度管理

在此阶段，应保持适当的温度，以防止棚温过高或过低。扁豆开花结荚的最适温度范围为 16~25℃。当气温高于 30℃时，不仅会大量落花落荚，而且严重影响商品嫩荚的品质。当温度高于 25℃时，应及时做好通风工作，防止高温影响。

（三）合理整枝

当株高 50cm 时，留 40cm 摘心，使其生侧枝，当侧枝的叶腋生出次侧枝后再行摘心，连续 4 次。在幼苗期结束前后抽蔓前便可搭架，也可以用绳子放在架子上引蔓上架。需注意抽蔓以后引蔓，要使茎蔓均匀分布在篱架上。当主藤长度到棚架 150cm 时，可进行修剪，促进多侧枝和侧枝的藤蔓提前开花和结荚。当外侧卷须长到架顶时，采摘可促进下花序的发育和外侧卷须的再生。同时梳理藤架上缠绕的茎叶，垂下枝条，使其排列规整，防止不同行的枝条缠绕在一起，遮挡行间的光线。为了改善光照条件，应及时摘除主蔓第一花序以下的中下部黄叶和侧芽，以促进早开花。第一花序在每个节上面，大多数既有花序又有叶芽，应及时去除叶芽，以促进花芽生长。

第二节　病虫害绿色防控

一、苗期病害防治

多层覆盖栽培的扁豆苗期主要病害有立枯病、猝倒病。床土消毒防治每平方米用50%多菌灵可湿性粉剂8~10g加干细土0.5~1.5kg拌成药土，于播种前撒1/3药土在苗床上，余下药土播种后撒施覆盖在种子上；苗期发病初期用50%甲基硫菌灵可湿性粉剂600倍液喷洒幼苗和床面，隔5~7d 1次，喷洒2~3次。

二、花荚期病虫害防治

花荚期主要病虫害有灰霉病、潜叶蝇、豆野螟、斜纹夜蛾等。由于灰霉病侵染速度快，病菌抗药性强，防治时宜采用农业防治与化学防治相结合的方法，加强棚室环境调控，要求适温低湿，加强排风除湿，及时人工摘除病叶病荚，并带出棚外深埋，可防止病害的发生和发展。

三、化学防治

当发现灰霉病病叶病荚零星发生时，用50%速克灵可湿性粉剂或50%扑海因可湿性粉剂800~1 000倍液，于晴天上午全株喷雾，并通风降湿，连续喷洒2~3次，每次间隔5~7d。潜叶蝇防治在产卵盛期至孵化初期选用2.5%敌杀死乳油1 500倍液施药，喷洒2~3次，每次间隔5~7d。

豆野螟防治药剂可选用2.5%敌杀死乳油1 500倍液、1.8%阿维菌素4 000~5 000倍液喷洒，始花期和盛花期在8—10时喷在花序上，喷洒2次，间隔时间为5~7d；豆荚期在傍晚害虫活动时施药。斜纹夜蛾选用5%抑太保1 000倍液或10%除尽3 000~5 000倍液，在清晨或傍晚害虫出来活动时对准豆荚喷雾。但最后一次用药时间应与采收间隔时间在20d以上。

第三节　适时收获

扁豆生长期较长，一般在160~300d，开花后60~65d出现豆荚，然后可以连续收获，嫩豆荚可以继续收获90~120d。种子可以保留在植株中部的荚中，上部可以去掉以供食用。加工白扁豆荚后，在太阳下晒干，用木棍敲打种子，筛去杂质，然后晒干成商品。扁豆花晒干收获即成。扁豆衣：先将白扁豆放入水中浸泡，直到种皮膨胀、剥皮、晒干成商品。

第十七章　黑豆高产高效栽培技术

黑豆为豆科植物大豆的黑色种子。黑豆性平、味甘，归脾、肾经，具有消肿下气、润肺燥热、活血利水、祛风除痹、补血安神、明目健脾、补肾益阴、解毒的作用；用于水肿胀满、风毒脚气、黄疸浮肿、风痹痉挛、产后风疼、口噤、痈肿疮毒，可解药毒，制风热而止盗汗，乌发、黑发以及延年益寿的功能。

第一节　栽培技术

一、选地与选茬，合理轮作

黑豆忌涝喜干爽，应选择排水良好的旱地或水田种植。要选择地势平坦、耕层深厚、土壤肥力较高、经过伏秋翻或耙茬深松整地的地块，前茬以玉米、马铃薯为主，不重茬，不迎茬。

二、选用优良品种及种子处理

（一）选用良种

在高产黑豆生产上，应该杜绝使用自留种，更不要盲目引种，要应用种子部门新繁育的良种。种植人员在选用黑豆品种时，应从自己的实际情况出发，选择高产、优质、抗病品种。

（二）种子处理

1. 种子精选

待播的种子要进行精选，选后的种子要求大小整齐一致，无病粒，净度98%以上，发芽率95%以上，含水量不高于12%，力求播一粒，出一棵苗。

2. 晒种

为提高种子发芽率和发芽势，播种前应将种子晒2~3d。晒种时应薄铺勤翻，防止中午强光暴晒，造成种皮破裂而导致病菌浸染。

3. 拌种

为防治黑豆根腐病、霜霉病等，用福美双或50%克菌丹可湿性粉剂以种子量的4%进行药剂拌种，防治蛴螬、蝼蛄、金针虫等地下害虫；也可用大豆专用种衣剂包衣，防治黑豆病虫害。

三、依据地力，合理配方，分层施肥

施肥是保证黑豆高产的关键性措施，目前生产上均以化肥增产为主，长期以来，造成土壤腐殖质不断下降，保水保肥能力降低，土壤板结，不利于黑豆生长和发育。为了长期高产必须结合耕翻土地，大量施入有机肥，培肥土壤，恢复地力。

（一）增施有机肥

有机肥营养全面，分解缓慢，肥效持久，能充分满足黑豆全生育期，特别是生育后期对养分的需求，是黑豆高产的基础。

施肥方法：秋季翻地前每亩施腐熟好的人畜类粪便 2t 以上，结合整地做底肥一次施入。

（二）化肥

测土平衡施肥，氮、磷、钾和微量元素合理搭配。

种肥。化肥做种肥，每公顷施肥量按纯氮 18~27kg、五氧化二磷 46~69kg、氧化钾 20~30kg，施于种下 4~5cm 处，或分层施于种下 7~14cm 处。

追肥。根际追肥。在黑豆生长较弱时，二遍地铲后趟前追施氮肥，每公顷追施尿素 45~75kg，追肥后立即培土。叶面追肥。黑豆前期长势较弱时，在黑豆初花期每公顷用尿素 5~10kg 加磷酸二氢钾 1.5kg 溶于 500kg 水中喷施，并根据需要加入微量元素肥料。

四、精量播种

（一）播种期

黑豆播种时期早晚与产量有很大关系。播种过早，由于土壤温度低对出苗不利，会造成烂种而缺苗；播种过晚，虽然出苗快，但幼苗和根系生长都快，苗不壮，易造成徒长。黑豆最适播种期应根据当时温度、土壤墒情而定。一般以土壤 5cm 耕层地温稳定通过 8~10℃，土壤含水量在 20%~22% 时为适宜播种期。播种期一般为 4 月末至 5 月上旬，早熟品种可适当晚播，晚熟品种可适当早播。

（二）种植密度

黑豆合理密植总的原则是肥地宜稀，薄地宜密；分枝多的晚熟品种宜稀，株型收敛分枝少的早熟品种宜密。因地力、品种特性确定合理密度。一般亩保苗 1.2 万~1.8 万株。

（三）播种方法

播种的技术要点是：秋季或春季起垄时，垄底、垄沟各深松一次，松土深度为 26.5cm，犁底层 6.5cm，松土带宽 8cm。垄体分层深施肥，底肥深度 8~16cm，起垄深松的同时施入；种肥深度为 5~7cm，播种同时施入，种子位于垄体两侧，双条间距 12cm，播深 3~5cm。用小型精量点播机垄上双条拐子苗点种，垄上双条间距 12cm，种肥播于双条种子之间，垄距 70cm。也可人工等距精量点播。

五、防治草害

杂草是黑豆的天敌，如不及时消灭杂草可使黑豆严重减产。田间除草的方法如下。

第一，合理轮作可减少杂草为害和病虫害蔓延。

第二，中耕培土是常规除草方法，可结合铲地、施药、追肥进行复式作业。第一次中耕应在大豆出苗前至第一片复叶展开期间进行；第二次中耕可结合第二遍铲草在第三片复叶出现时进行；第三次中耕应在大豆开花前结束。

及时铲趟，做到两铲三趟，铲趟伤苗率小于3%。后期拔净大草。

第三，化学除草。根据杂草种类采用播后苗前施药或茎叶处理。秋施药，应在秋季温度稳定在10℃以下，土壤湿度适宜。以翻地先翻耙平地后，边喷药，边用机车牵引圆盘耙耙地一次，耙深10~15cm，待全田施完药，再与第一次方向成直角的方向耙地一次。禁用长残效除草剂。

六、田间管理

(一) 移苗补缺

一般缺苗的地块，可就地移苗补栽。移栽时埋土要严密，如土壤湿度小，还要浇水，以保证成活率。为了使移苗补栽的幼苗能迅速生长，在移栽成活后应适当追施苗肥，促进苗齐、苗壮。缺苗严重则要直接补种。

(二) 间苗、定苗

在2片单叶平展时间苗，第1片复叶全展期定苗。间苗时应淘汰弱株、病株及混杂株，保留健壮株。

（三）中耕除草

第一次中耕一般在第 1 片复叶出现、子叶未落时进行，第二次中耕在苗高 20cm 左右、搭叶未封行的时候进行。头次中耕宜浅，第二次稍深。

（四）灌溉

在鼓粒期如遇高温干旱天气，有灌溉条件的应适时灌水。以沟灌湿润为宜，防止大水漫灌造成土壤板结。

第二节　病虫害绿色防控

一、黑豆病害

1. 黑豆根腐病

主要用 58% 瑞毒霉锰锌或 72% 克露可湿性粉剂，用量均为种子量 0.3%～0.4% 拌种。

2. 黑豆菌核病

用 50% 速克灵可湿性粉剂 1 000 倍液或 40% 核菌净 1 000 倍液或 50% 甲基硫菌灵 500 倍液喷雾。

3. 黑豆灰斑病

除在播种时用 70% 敌克松可湿性粉剂或 50% 福美双可湿性粉剂按种子量的 0.3% 拌种外，在黑豆花荚期，每公顷用40%多菌灵胶悬剂1.5kg，兑水450kg喷雾。

二、黑豆虫害

常见虫害一般是豆秆黑潜蝇、地老虎、蚜虫和豆荚螟。通常采用以下方法防治。

农业防治：要尽量选用早熟高产品种，不误农时早播，提高植株的抗虫性，以减轻受害。

糖醋诱杀：在成虫盛发期，盆内放入红糖375g、醋500mL、白酒125mL、敌百虫0.5g加开水500mL，稀释后放置田间，每20~30亩放一盆，6—9时、17—19时诱杀，可减轻为害。

药剂防治：主防成虫和初孵幼虫。可用50%辛硫磷乳油50mL/亩兑水50kg在豆苗盛花期开始连喷两次，每10d喷洒1次；在夏至后出苗则要提前到初花期开始喷洒，每10d喷1次，连喷3次即可。

第三节　适时收获

人工收获，可在黑豆成熟70%~80%、叶片脱落时进行；机械收获，当豆叶基本落净、豆粒归圆、豆荚全干时进行。在收获中应当注意，不同品种必须单独收获、脱粒、运输及储藏。黑豆的包装物要避免对黑豆及环境造成污染。储藏前还应对仓库进行清洁卫生、除虫及消毒等处理。

第十八章　藜麦高产高效栽培技术

藜麦是一种高山作物，属于藜科，双子叶植物。植株呈扫帚状，株高一般不低于几十厘米、不高于 2m，根系以主根为主，序状花序，主梢和侧枝都结籽，自花授粉。藜麦抗性特别强，尤其耐寒、耐旱、耐瘠薄、耐盐碱。全生育期 120~140d。根据其特性，适宜栽培条件如下：一是气候条件。无霜期要达到 100d 以上，种植地海拔 2 000~3 500 m，适宜温度 15~20℃，全年降水量不低于 200mm。总之，藜麦适宜生长在日照充足、昼夜温差大、气候凉爽的高原气候下。二是土壤条件。藜麦适宜种植在土层深厚、土质疏松、偏酸性或中性的土壤中。

第一节　栽培技术

一、茬口选择

除草剂对于藜麦的生长会产生较大的影响，因而种植藜麦最好选择 2~3 年内没有施用过除草剂的土地。藜麦种植尤其忌重茬，可以和大豆、小麦、马铃薯等作物倒茬轮作。

二、选地和整地

种植地块应选择在坡度较小、有机质含量高、偏酸性、排水通畅、灌溉方便的水浇地为宜。前茬作物收获后进行翻耕，有冬灌条件的，一般于 11 月中旬土壤夜冻昼消时进行冬灌，同时需要注意地块的休耕和轮作问题。

由于藜麦种子较小，必须要精细整地，耕深 30cm 左右，打破犁底层。整地要求耕透耙透、表土细碎、上虚下实、土地平整、墒情充足。

三、选种

（一）品种选择

应选择高产、抗倒、耐旱、抗寒、抗盐碱的品种作为主导品种，如青藜 1 号。注意选种、留种过程中的问题，经过第一季度种植后，要选择留存植株大、穗多、成熟度高、籽粒饱满的种子进行种植。

（二）种子处理

在大田选择籽粒饱满的种子，去除病粒、瘪粒，晾晒后进行储存，播种前进行晒种、药剂拌种及种子包衣处理，从而提高品种抗病虫害和抗旱能力。

四、藜麦种植时间

藜麦的播种时间以 4 月 20 日到 5 月 20 日最为合适。藜麦生长期为 90～220d，通常情况下，如果种得越早，生长期越长，一般适宜种植条件为无霜期超过 100d，海拔高于 1 500m，温度低于 32℃。

五、精量播种和合理密植

（一）适期播种

一般藜麦的播种期应选择在 4 月底至 5 月上中旬，具体时间取决于当地的气候条件。

（二）播种方法

采用机械播种方式，播前要对播种机进行调试、检查，做到播孔深浅一致，播量符合计划要求，做到不重播、漏播，播量均匀，每穴 3～5 粒，播深 2～3cm 为宜。同时注意机械行迹端直，步频适中。

（三）合理密植

藜麦属浅根系植物，一般株高在 1～1.5m。藜麦过高容易倒伏，过矮则会影响产量。具体根据地力条件确定最佳密度，一般在土壤肥力中下等田块，株行距 45cm×18cm，即基本苗在 12.75 万株/hm² 或更高；在土壤肥力中上等的地块，基本苗以不低于 11.25 万株/hm² 为宜，适宜株行距为 45cm×20cm。

六、查苗补种

一般情况下，藜麦播种 3d 后就可以出芽，5d 可以出苗，7~10d 后需要对出苗情况进行检查，如有缺苗现象，种植人员需要趁土壤墒情还好时及时进行补种，同时将田间杂草清除干净。种子出苗以后进行 1~2 次松土，松土深度为 8~12cm，松土时要注意不能损伤植株根系。

七、间苗与定苗

种植人员在植株生长出 5~6 枚叶片、高度达到 10cm 左右时就要开始间苗，留强去弱，留大去小，同时还要进行中耕除草。定苗时间一般选择在 8~10 片叶时进行，保证株距相隔 15cm 以上，保苗株数为 12 万株/hm² 以上。在间苗的同时要进行除草和松土工作。当藜麦苗株高 50cm 左右后，开始第 3 次中耕除草，并在松土时对植株的根基部进行培土。

八、水肥管理

藜麦种植底肥应选择混合使用有机肥和无机肥，施用量可根据土壤肥力而定。如土地相对贫瘠，可施用有机肥 4 500~7 500 kg/hm²、尿素 150kg/hm²、磷酸二铵 300kg/hm²、硫酸钾 75kg/hm²、腐熟农家肥 45m³/hm² 左右。需要注意的是，施用农家肥前必须提前进行腐熟灭菌处理，之后再均匀地撒施到土地中。具体操作方法为，在翻耕土地前先将底肥均匀抛撒于土地表面，之后再在翻耕土地时将底肥混入土壤中。

藜麦出苗并生长至 10cm 左右后，长势开始放缓，此时对水肥的需求降低。植株高度达到 15cm 以上后，生长速度重新加快，此时需求大量的水肥。苗期蹲苗 40d 左右，土壤含水量低于 55% 时，可以开始进行滴灌，此时需要重点做好滴灌系统的检查和维护，避免滴灌带出现跑、漏、冒等情况。植株在现蕾期至盛花期时，高度一般可达到 50cm，种植人员要结合植株长势，在滴灌中随水施用 3~4 次滴灌肥，每次滴水 $45m^3/hm^2$，随滴灌水追施可溶性二铵 $15kg/hm^2$、硫酸钾 $7.5kg/hm^2$、尿素 $7.5kg/hm^2$。根据土壤墒情，藜麦全生育期可以进行 6~8 次滴灌。如果种植区域不具备滴灌条件只能采用漫灌，可结合灌水机械开沟追肥 1 次，追施二铵 $150kg/hm^2$。在藜麦盛花期后，适量灌 1~2 次水肥。全生育期灌水追肥 2~3 次，要防止高水肥造成藜麦贪青不熟。

九、加强田间管理

（一）前期管理

1. 中耕除草

中耕可破除土壤板结，保墒，提高地温，改善土壤通气性，促进根系发育。第一次除草时，如果藜麦苗太小，可以先除草不间苗。待苗长到 10~15cm，间苗和除草同时进行。

2. 浇水追肥

科学施肥，施足底肥，及时追肥。以肥力中等地块为标准，施优质复合肥 675~750kg/hm²，现蕾期 3~7d，追施尿素 150~225kg/hm²。根据苗情施肥不宜过多，可以先将尿素撒入田中，随即进行浇水灌溉，或在降水过后进行撒施，然后进行中耕除草。藜麦长到 170~100cm 时，营养生长和生殖生长渐趋旺盛，需要充足的水肥条件。如果墒情好、苗壮，可以不追肥；对苗弱、黄苗、群体小的藜麦田，要结合浇水、降水追苗肥，可施尿素 150~225kg/hm²，中耕追肥结合除草可一次性进行。

（二）中期管理

中期是营养生长和生殖生长并进期，关键措施是合理控制水肥。对群体适度、生长正常的壮苗田，结合灌水按期追肥；对已经使用过苗期水肥的弱苗田，可推迟使用或不用；对群体较大、有倒伏危险的旺苗田，可推迟到穗子开花灌浆前后进行灌水。追肥要掌握早追和前期重追的原则，按 150~225kg/hm² 尿素量一次性进行追施，也可分次追施。一般第一次追肥应占总追肥量的 60% 以上，对灌过孕穗水的旺苗，可推迟到开花后进行灌溉。

（三）后期管理

后期管理一般指灌浆至成熟期，需 50~60d，是决定粒重和籽粒大小的关键时期。后期管理的主要任务是保叶、保根、促粒重。此阶段如果出现旱情，要及时浇灌浆水，以满足藜麦生育后期对水分的需求，促进籽粒灌浆，提高粒重，之后不再浇水。

第二节　病虫害绿色防控

一、播种前种子病虫害预防处理

种子用包衣机将种子与吡虫啉进行拌种，剔出霉烂及蛀害种粒，可以有效预防地下虫害。药剂拌种，用药量为干种子重的 0.2%~0.3%。

二、炭疽病

此病害主要为害叶片和茎秆。初期在叶片出现近圆形病斑，后期逐渐发展成不规则形，严重时叶片上病斑密布，相互连接致叶片枯死；茎蔓染病初期为水渍状坏死，严重时致病以上的茎叶萎蔫枯死。

防治方法：彻底清理病残落叶，并集中销毁。播种前用 50℃ 左右温水浸泡 15min，晾干播种。发病选用 40% 福星乳油 8 000 倍液，或 40% 骏立克可湿性粉剂 8 000 倍液，7~10d 防治 1 次，连续防治 1~3 次。

三、根腐病

此病虫害主要侵害根部，多从根尖开始侵染，呈褐色坏死，并逐渐向上扩展，终致根系坏死腐烂。

防治方法：施用充分腐熟的有机肥，氮、磷、钾、肥配合使用。雨后及时排水。及时拔除病株，病穴撒生石灰灭菌，防治病害进一步蔓延。发病选用98%恶霉灵可湿性粉剂2 000倍液，或用45%特克多悬浮剂1 000倍液。

四、霜霉病

此病害主要为害叶片，病斑初期成小点，边缘不明显，后扩大成不定形状的病斑。病害由下向上扩展，干旱时病叶枯黄，湿度高时坏死腐烂，严重时整株叶片变黄枯死。

防治方法：依据田间需水灌溉，降低田间湿度。发现被侵染的植株及时拔除，减少田间菌源。发病选用50%溶菌灵可湿性粉剂600~800倍液，或66.8%霉多克可湿性粉剂800~1 000倍液喷雾，施药时把药液喷到基部叶背面。

五、根结线虫病

此病害主要为害根系，在幼根上形成粗细不均的肿大，或形成链珠状至葫芦状的根结，严重时主根上形成较大的葫芦状根结。染病植株地上表现生长不良、矮小，或轻度畸形，最后枯黄死亡。

防治方法：选用3%米乐尔颗粒剂15~22kg/hm² 均匀施于植株间。

六、立枯病

此病害主要为害根系，植株的根部会腐烂发黑，叶片发黑变黄，严重时导致植株枯萎、死亡。

防治方法：发病初期及时拔除病株。每亩用100g根好加 100g 根腐灵，兑水 50kg 灌入植株根部或叶面喷雾防治。

七、地下虫害

常见害虫为蛴螬、金针虫、小地老虎、蝼蛄。在藜麦成苗期，害虫把根部咬断，苗子枯萎死亡，造成缺苗断垄，甚至毁种。

防治方法：在播种时每亩用辛硫磷颗粒剂 5kg 与农家肥混合施用；发病初期及时拔除病株。

八、金龟子、豆芜菁、小菜蛾

此虫害主要为害叶片，在日落前大量进入藜麦田，啃食藜麦幼苗，为害严重时把藜麦苗子吃光。

防治方法：利用灯光诱杀，安置太阳能杀虫灯；17 时之后用高氯辛硫磷乳油和氰戊菊酯乳油等混合制成喷雾喷施。

第三节 适时收获

一般待藜麦生长到 100d 左右，从外观上看，叶片大面积变红或变黄，大部分叶片脱落，茎秆开始变干，籽粒坚硬无水分，用指甲难以掐破，这时是适合藜麦收获的最佳时期。收割一般采用藜麦专用收割机，如果种植规模较小，也可以使用镰刀，收割后放在田间晾晒干，用四分离脱粒机脱粒，脱粒后及时晾晒。没有脱粒机的农户，收割后应及时将藜麦穗运到晾晒场进行风干晾晒，人工碾压脱粒后贮存在阴凉、干燥、通风处。

第十九章　芝麻高产高效栽培技术

芝麻是一种耐旱、喜温、喜光作物，其经济价值很高，用途较多，副产品可做肥料、饲料，也可以进一步加工成多种产品。芝麻还是小麦等作物的好前作，有利于种地与养地相结合，提高土壤肥力。芝麻高产栽培技术要点如下。

第一节　栽培技术

一、选地与轮作

根据芝麻特性，栽培芝麻的田块应选择在地势高燥、排水良好、通透性好的沙壤土和轻壤土。芝麻根系浅，吸收上层养分较多，连作会使土壤表层养分偏枯和病害加重，所以还要实行合理轮作，至少要隔两年轮作 1 次。

二、选地整地

芝麻地要求非重茬地种植，以减少病害发生，应选择土壤肥沃、排水方便、疏松的旱地或旱坡地为宜。芝麻怕渍水，应在平整土地基础上开沟起畦种植，俗话说"地里有沟，芝麻增收，大沟通小沟，旱涝都丰收"。一般畦高

15~20cm，畦宽2~3m即可，为便于浇灌排水，畦长不要过长，土地要深翻15~20cm。农家肥0.5~1t/亩混过磷酸钙30~40kg/亩堆沤腐熟后均匀撒施基肥。亦可用尿素9kg/亩、氯化钾1kg/亩、过磷酸钙30~40kg/亩均匀撒施，然后深耕细耙起畦播种。如果是麦收后进行铁茬播种的地块，一般每亩施三元复合肥N 12%、P 18%、K 15%25~35kg，可用耧先播化肥，然后再错行播种芝麻。

三、播种

芝麻只有种足（墒、肥、种量足）、种好，实现一播全苗，才有可能达到高产、稳产。

（一）选用良种

根据生产条件选用适宜品种，并选用纯度高、颗粒饱满、发芽率高、无病虫和杂质的种子，在播前做好选种和发芽率试验，发芽率在90%以上为安全用种。

（二）适时播种

芝麻发芽最低临界温度为15℃，适宜发芽温度为18~24℃。春芝麻在地下3~4cm地温稳定在18~20℃时即可播种，黄淮海农区一般在4月下旬和5月上旬。夏芝麻要抢时播种，越早越好，有利于多开花结蒴，提高产量。

（三）提高播种质量

芝麻播种方法有撒播、条播、点播，一般每亩用种量

0.4~0.5kg，播深 2~3cm，要足墒下种，播后适当镇压。近年来应用保水剂流体播种技术在旱区推广应用，为一播全苗提供了保证，促进了芝麻生产水平的提高。

四、合理密植

目前生产上普遍种植密度偏稀，影响产量的提高。适当加大种植密度，能充分利用空间和地力，发挥增产潜力。合理密植不仅需要一定的株数，而且还要配合得当的种植方式。

一般条播单秆型品种可采用等行距播种，行距 34cm，株距 20~16cm，每亩种植密度 1 万~1.2 万株；分枝型品种行距 40cm 左右，株距 20~18cm，每亩种植密度 8 000~9 000 株。点（穴）播行距 34~40cm，穴距 50cm 左右，每穴 2~3 株即可。

五、苗期管理

（一）播后保墒

直播芝麻播种后中耕增温保墒，助苗出土，套种芝麻，前茬收获后及时中耕灭茬，破除板结保墒。

（二）间苗定苗

在出现第 1 对真叶（拉十字）时间苗；第 2 至第 3 对真叶出现时定苗，去掉弱苗、病苗，留壮苗，留苗要匀，条播不留双苗。

（三） 中耕除草与培土

由于芝麻苗期生长缓慢，前期中耕除草在芝麻生产中十分重要，一般在出现第 1 对真叶时结合间苗浅中耕 1 次，在第 2~3 对真叶和分枝期各中耕 1 次。另外，雨后必除草。中后期结合中耕可适当培土，但不要伤根。

（四） 灌水与排涝

足墒播种后，苗期一般不用灌水，现蕾后如干旱可结合施肥灌水一次，开花至结蒴阶段，需要充分供水，若遇雨季，应看天灌水与注意排涝。

六、科学施肥

芝麻苗期生长缓慢，开花后生长迅速，各器官生长速度在不同生育阶段差异很大，对干物质的积累速度和吸收各种养分也有很大差异。芝麻生育期较短，吸收肥料多而集中，但以初花以后吸收速率和吸收量猛增。另外，品种、生产水平和栽培条件不同，单位产量吸收各种养分量也有一定差异，一般分枝型品种比单秆型品种生产单位产量需肥量多。

所以，单秆型品种施肥效应较高，有较好的施肥增产特性。综合各地生产经验，一般认为每生产 100kg 籽粒需吸收纯氮 9~10kg，五氧化二磷 2.5kg，氧化钾 10~11kg，$N : P_2O_5 : K_2O = 4 : 1 : 4.4$。其中以初花至终花期吸收量最多，吸收纯氮占 66.2%，五氧化二磷占 59.1%，氧化钾占

58.4%；终花至成熟期对氮的吸收量较少，占3.6%，但对磷和钾的吸收仍然较多，分别占20.3%和11.6%。

根据芝麻吸肥规律，其施肥应掌握如下原则：基肥以有机肥为主，少量配施氮、磷肥，有机肥和少量氮、磷肥（或饼肥）堆制发效后施用更好，基肥浅施、集中施用；重视初花期追肥，以氮肥为主，若底施磷、钾肥不足或套种芝麻可配施磷、钾肥；盛花期后注意喷施磷、钾肥。一般在整地时施用有机肥2 000kg以上，硫酸钾5~10kg，过磷酸钙30kg左右，尿素5kg左右。

七、适时打顶

芝麻主茎生长点由于存在顶端生长优势，会消耗大量营养物质，使茎部上端后期形成的花、蒴果得不到养分而发育不良，形成无效果实。打顶可减少消耗，促进蒴果生长充实，减少花器脱落，从而增加实粒和粒重，提高产量。一般在盛果期后，当主茎顶端叶节簇生，近乎停止生长时，选晴天上午摘除顶芽3cm。

八、田间管理

（一）匀苗定苗

1~2对真叶时第一次间苗；2~3对真叶时第二次间苗。3~4对真叶时定苗，亩定苗0.9万~1.2万株。

（二）中耕除草

原则上每一次中到大雨后抢晴天中耕 1 次，保持林间土面疏松，不见杂草（慎重除草，不要采用化学除草）。具体为：出苗到始花前，一般中耕除草 3 次，第一次，在芝麻苗 1 对真叶时浅中耕；第二次，在 2~3 对真叶时进行；第三次，在 4~5 对真叶时进行。芝麻苗封行后停止中耕。结合中耕，分次培土起小垄，加深大小沟，防止芝麻倒伏和涝害。

（三）叶面喷肥

始花至盛花阶段，在晴天下午，叶面喷施 0.3%~0.4% 的磷酸二氢钾，连喷 2 次，每次间隔 3~5d。

（四）管理

始花期喷 15mg/kg 浓度增产灵（4-碘苯氧乙酸）；花蕾期每亩用 1 支叶面宝或喷施宝，加水 50kg 叶面喷洒。3~4 对真叶期和初花期各进行叶面喷洒 1 次矮壮素或缩节胺，可使蒴果密、产量高。

（五）打尖摘心

单秆型品种应在生长停止前，茎秆顶端刚冒尖时进行，不能过早或过晚。分枝型品种摘心分两次进行。第一次适当提早将主茎顶心打去，保分枝生长；第二次分枝生长停止前，顶端冒尖时，摘去分枝顶尖。摘心宜在晴天进行，摘尖 3cm 左右。

第二节　病虫害绿色防控

芝麻最常见的病害有枯萎病、立枯病、病毒病、茎点枯病以及叶部病害等。这些病害有许多共同之处，因此可以采取农业综合防治措施：一是轮作不重茬，合理倒茬；二是起畦种植，深沟排水，做到旱能浇水、涝可排水；三是加强田间管理，合理密植，中耕除草时避免伤根及时培土防倒伏增施磷钾肥；四是进行药剂防治，可在初花期开始喷洒40%多菌灵、代森锌等药剂溶液，每周1次，能够有效地防治叶部病害、枯萎病以及茎点枯病。

苗期地老虎的为害在全国芝麻产区都普遍发生，咬食芝麻嫩叶嫩茎，造成芝麻缺苗断垄，若不及时防治，严重影响芝麻产量。地老虎3龄前幼虫咬食芝麻幼苗生长点以及嫩叶；3龄后幼虫分散为害，夜里咬断幼苗；成虫一般在傍晚活动，有很强的迁飞能力。防治可于傍晚进行，用50%辛硫磷乳油、2.5%溴氰菊酯1 000倍液，喷杀3龄前幼虫，连喷2次，灭杀幼虫效果95%以上。或喷施50%氧化乐果加2.5%溴氰菊酯1 000倍液混合喷雾效果更好。

中后期芝麻虫害主要有蚜虫、芝麻天蛾、鬼脸天蛾。大量蚜虫群集在芝麻嫩叶背面吸食汁液，造成叶片卷缩，影响芝麻产量。其防治方法可用洗衣粉、尿素、清水按1∶4∶400的比例配制成合剂均匀喷洒，每亩用量60kg。这个合剂既有防治蚜虫的作用，又具有叶面施肥的功效。

芝麻天蛾、鬼脸天蛾的为害主要是其幼虫取食叶片，严重时叶片全部被吃光，有时也为害嫩茎和嫩叶。其防治方法可在幼虫盛发时，使用25%灭幼脲3号悬浮剂500~600倍液或2%巴丹粉剂，每亩用2.5kg，亦可喷洒10%吡虫啉可湿性粉剂1 500倍液或者25%爱卡士乳油1 500倍液。而成虫盛发时可以利用其趋光性采用灯光诱杀。

第三节　适时收获

当芝麻植株变成黄色或黄绿色，下部叶片逐渐脱落，中上部蒴果种子达到原有种子色泽，下部有蒴果开裂时，就进入收获期。一般春芝麻在8月下旬、夏芝麻在9月上旬、秋芝麻在9月下旬成熟。

芝麻成熟后应趁早晚收获，避开中午高温阳光强烈阶段，以减少下部裂蒴掉粒的损失。收获时一般每30株左右扎一小捆，3~5捆一起晾晒，经2~3次脱粒即可归仓。

主要参考文献

王艳茹，2016. 小杂粮生产技术 [M]. 石家庄：河北科学技术出版社.

赵宝平，齐冰洁，2012. 小杂粮安全生产技术指南 [M]. 北京：中国农业出版社.